U0265918

建筑工程细部节点做法与施工工艺图解丛书

建筑电气工程细部节点做法与施工工艺图解

丛书主编：毛志兵
本书主编：张晋勋

中国建筑工业出版社

图书在版编目（CIP）数据

建筑电气工程细部节点做法与施工工艺图解/张晋
勋主编. —北京：中国建筑工业出版社，2018.7（2022.11重印）
（建筑工程细部节点做法与施工工艺图解丛书/丛书
主编：毛志兵）
ISBN 978-7-112-22216-2

Ⅰ.①建…　Ⅱ.①张…　Ⅲ.①房屋建筑设备-电气
设备-建筑安装-节点-细部设计-图解②房屋建筑设备-
电气设备-建筑安装-工程施工-图解　Ⅳ.①TU85-64

中国版本图书馆CIP数据核字（2018）第102145号

　　本书以通俗、易懂、简单、经济、使用为出发点，从节点图、实体照
片、工艺说明三个方面解读工程节点做法。本书为共7章。提供了100多
个常用建筑电气细部节点做法，能够对项目基层管理岗位及操作层的实体
操作及质量控制有所启发和帮助。
　　本书是一本实用性图书，可以作为监理单位、施工企业、一线管理人
员及劳务操作层的培训教材。

　　　　责任编辑：张　　磊
　　　　责任校对：焦　　乐

建筑工程细部节点做法与施工工艺图解丛书
建筑电气工程细部节点做法与施工工艺图解
丛书主编：毛志兵
本书主编：张晋勋
＊
中国建筑工业出版社出版、发行（北京海淀三里河路9号）
各地新华书店、建筑书店经销
霸州市顺浩图文科技发展有限公司制版
北京盛通印刷股份有限公司印刷
＊
开本：850×1168毫米　1/32　印张：4¾字数：126千字
2018年9月第一版　2022年11月第九次印刷
定价：**25.00**元
ISBN 978-7-112-22216-2
（32090）

编写委员会

主　　编：毛志兵

副 主 编：（按姓氏笔画排序）

冯跃　刘杨　刘明生　李明　杨健康

吴飞　吴克辛　张云富　张太清　张可文

张晋勋　欧亚明　金睿　赵福明　郝玉柱

彭明祥　戴立先

审定委员会

（按姓氏笔画排序）

马荣全　王伟　王存贵　王美华　王清训　冯世伟

曲惠　刘新玉　孙振声　李景芳　杨煜　杨嗣信

吴月华　汪道金　张涛　张琨　张磊　胡正华

姚金满　高本礼　鲁开明　薛永武

审定人员分工

《地基基础工程细部节点做法与施工工艺图解》

    中国建筑第六工程局有限公司顾问总工程师：王存贵

    上海建工集团股份有限公司副总工程师：王美华

《钢筋混凝土结构工程细部节点做法与施工工艺图解》

    中国建筑股份有限公司科技部原总经理：孙振声

    中国建筑股份有限公司技术中心总工程师：李景芳

    中国建筑一局集团建设发展有限公司副总经理：冯世伟

    南京建工集团有限公司总工程师：鲁开明

《钢结构工程细部节点做法与施工工艺图解》

    中国建筑第三工程局有限公司总工程师：张琨

    中国建筑第八工程局有限公司原总工程师：马荣全

    中铁建工集团有限公司总工程师：杨煜

    浙江中南建设集团有限公司总工程师：姚金满

《砌体工程细部节点做法与施工工艺图解》

    原北京市人民政府顾问：杨嗣信

    山西建设投资集团有限公司顾问总工程师：高本礼

    陕西建工集团有限公司原总工程师：薛永武

《防水、保温及屋面工程细部节点做法与施工工艺图解》

    中国建筑业协会建筑防水分会专家委员会主任：曲惠

    吉林建工集团有限公司总工程师：王伟

《装饰装修工程细部节点做法与施工工艺图解》

  中国建筑装饰集团有限公司总工程师：张涛

  温州建设集团有限公司总工程师：胡正华

《安全文明、绿色施工细部节点做法与施工工艺图解》

  中国新兴建设集团有限公司原总工程师：汪道金

  中国华西企业有限公司原总工程师：刘新玉

《建筑电气工程细部节点做法与施工工艺图解》

  中国建筑一局（集团）有限公司原总工程师：吴月华

《建筑智能化工程细部节点做法与施工工艺图解》

《给水排水工程细部节点做法与施工工艺图解》

《通风空调工程细部节点做法与施工工艺图解》

  中国安装协会首席专家：王清训

本书编委会

主编单位： 北京城建集团有限公司

参编单位： 北京城建集团有限公司工程总承包机电安装部

北京城建安装集团有限公司

北京城建建设工程有限公司

北京城建二建设工程有限公司

北京城建一建设发展有限公司

北京城五工程有限公司

主　　编： 张晋勋

副主编： 颜钢文　张宏伟　毛　杰

编写人员： 符建超　李胜杰　刘计宅　刘文明　苏李渊

孙志远　孙梓豪　徐　亮　许博思　颜钢文

姚　播　殷战伟　张宏伟　左　君

丛 书 前 言

过去的 30 年，是我国建筑业高速发展的 30 年，也是从业人员数量井喷的 30 年，不可避免的出现专业素质参差不齐，管理和建造水平亟待提高的问题。

随着国家经济形势与发展方向的变化，一方面建筑业从粗放发展模式向精细化发展模式转变，过去以数量增长为主的方式不能提供行业发展的动力，需要朝品质提升、精益建造方向迈进，对从业人员的专业水准提出更高的要求；另一方面，建筑业也正由施工总承包向工程总承包转变，不仅施工技术人员，整个产业链上的工程设计、建设监理、运营维护等项目管理人员均需要夯实专业基础和提高技术水平。

特别是近几年，施工技术得到了突飞猛进的发展，完成了一批"高、大、精、尖"项目，新结构、新材料、新工艺、新技术不断涌现，但不同地域、不同企业间发展不均衡的矛盾仍然比较突出。

为了促进全行业施工技术发展及施工操作水平的整体提升，我们组织业界有代表性的大型建筑集团的相关专家学者共同编写了《建筑工程细部节点做法与施工工艺图解丛书》，梳理经过业界检验的通用标准和细部节点，使过去的成功经验得到传承与发扬；同时收录相关部委推广与推荐的创优做法，以引领和提高行业的整体水平。在形式上，以通俗易懂、经济实用为出发点，从节点构造、实体照片（BIM 模拟）、工艺要点等几个方面，解读工程节点做法与施工工艺。最后，邀请业界顶尖专家审稿，确保本丛书在专业上的严谨性、技术上的科学性和内容上的先进性。使本丛书可供广大一线施工操作人员学习研究、设计监理人员作业的参考、项目管理人员工作的借鉴。

本丛书作为一本实用性的工具书，按不同专业提供了业界实践后常用的细部节点做法，可以作为设计单位、监理单位、施工企业、一线管理人员及劳务操作层的培训教材，希望对项目各参建方的操作实践及品质控制有所启发和帮助。

本丛书虽经过长时间准备、多次研讨与审查、修改，仍难免存在疏漏与不足之处。恳请广大读者提出宝贵意见，以便进一步修改完善。

丛书主编：毛志兵

本　册　前　言

本分册根据《建筑工程细部节点做法与施工工艺图解丛书》编委会的要求，由北京城建集团有限公司、北京城建集团有限公司工程总承包机电安装部、北京城建安装集团有限公司、北京城建建设工程有限公司、北京城建二建设工程有限公司、北京城建一建设发展有限公司、北京城五工程有限公司共同编制。

在编写过程中，编写组认真研究了《建筑物防雷工程施工与质量验收规范》GB 50601—2010、《建筑电气工程施工质量验收规范》GB 50303—2015、《建筑机电工程抗震设计规范》GB 50981—2014 等有关资料和图集，结合编制组在建筑电气工程施工经验进行编制，并组织北京城建团有限责任公司内、外专家进行审查后定稿。

本书主要内容有：室外电气、变配电室、供电干线、电气动力、电气照明、备用和不间断电源、防雷与接地七章 134 个节点，每个节点包括实景照片、BIM 图片或 CAD 图及工艺说明两部分，力求做到图文并茂、通俗易懂。

中国建筑一局（集团）有限公司原总工程师吴月华对本书内容进行了审核。在编写过程中，参考了众多专著书刊，在此一并表示感谢。

由于时间仓促，经验不足，书中难免存在缺点和错漏，恳请广大读者指正。

目　录

第一章　室外电气

010101　架空接户线路安装

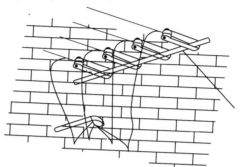

工艺说明：

(1) 接户线的两端应使用蝶式绝缘子，瓷釉表面应光滑、无裂纹、无掉渣现象。

(2) 接户线架设前，进户管内导线已敷设好，且防水弯头拧牢。

(3) 进户管采用钢管敷设时同一回路相线和 N（或 PEN）线的导线必须穿在同一根管内。

(4) 接户线不得有接头、硬弯及绝缘破损等缺陷。

010102　杆上电气设备安装

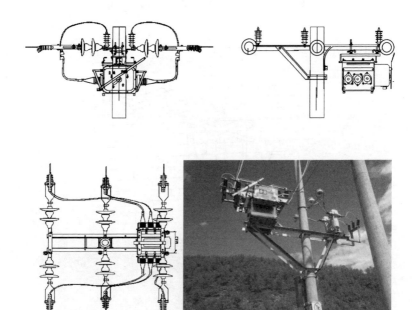

工艺说明：杆上断路器和负荷开关的安装要点：

(1) 水平倾斜度不大于托架长度的1/100。

(2) 引线连接紧密，当采用绑扎连接时，长度不小于150mm。

(3) 外壳干净，不应有漏油现象，气压不低于规定值。

(4) 操作灵活，分、合位置指示正确可靠。

(5) 外壳接地可靠，接地电阻符合规定。

010103　架空线路安装

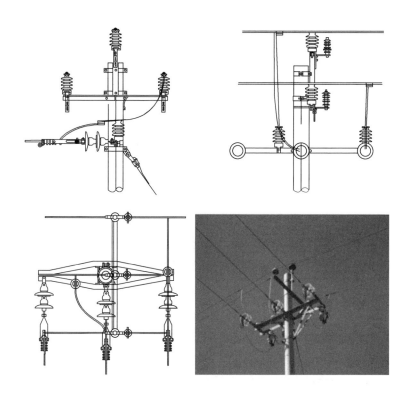

工艺说明：

导线的固定应可靠、牢固，且符合下列规定：

（1）直线转角杆：对针式绝缘子，导线应固定转角外侧的槽内。

（2）直线跨越杆：导线应双固定，导线本体不应在固定处出现角度。

3

010104 室外箱式变压器安装

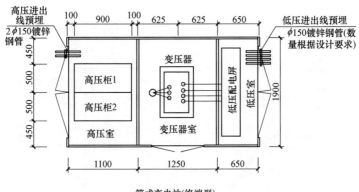

箱式变电站(终端型)

工艺说明:

（1）室外箱式变压器的基础应高于室外地坪，周围排水通畅。

（2）用地脚螺栓固定的螺帽齐全，拧紧牢固；自由安放的应垫平方正。

（3）金属箱式变压器，箱体应与保护导体可靠连接，且有明显接地标识。

第二章 变配电室

020101 室内干式变压器安装

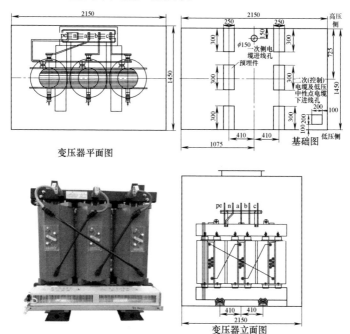

变压器平面图

基础图

变压器立面图

工艺说明:

(1) 变压器箱体与盘柜前面应平齐,与配电盘柜体靠紧,温控器应固定牢固、可靠。

(2) 干式变压器的支架、基础型钢及外壳应分别单独与保护导体可靠连接,紧固件及放松零件齐全。

(3) 变压器中性点的接地连接方式及接地电阻值应符合设计要求。

020102　成套高压柜安装

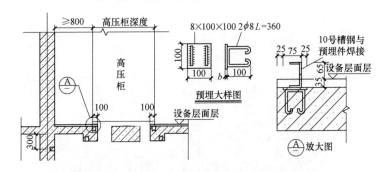

工艺说明：

（1）配电箱柜台箱盘安装垂直度允许偏差为1.5‰，相互间接缝不得大于2mm，成列盘面偏差不应大于5mm。

（2）箱体找正过程中，需要垫片的地方，须按《钢结构工程施工规范》要求。垫片最多不超过三片，焊后清理，打磨补刷防锈漆。

020103　成套高、低压柜安装

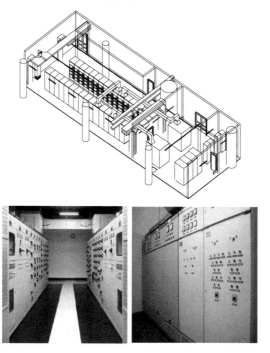

工艺说明：

（1）高、低压柜的金属框架及基础型钢必须接地（PE）或接零（PEN）可靠；装有电器的可开启门，门和框架的接地端子之间选用截面积不小于 $4mm^2$ 的黄绿双色绝缘铜芯软导线连接。

（2）手车、抽出式成套配电柜推拉应灵活，无卡阻碰撞现象。动触头与静触头的中心线应一致，且触头接触紧密，投入时，接地触头先与主触头接触；退出时，接地触头后与主触头脱开。

（3）配电柜安装垂直度允许偏差为 1.5‰，相互间接缝不大于 2mm，成列盘面偏差不应大于 5mm。

020104　直埋电缆穿墙引入做法

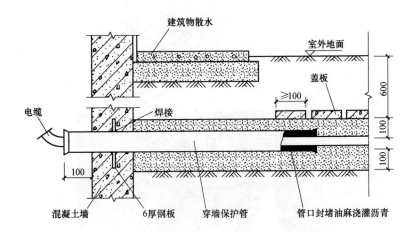

工艺说明：

（1）电缆保护管伸出散水坡外大于等于200mm。

（2）电缆保护管要向室外方向倾斜出坡度，防止水侵入室内。

（3）电缆保护管应当处于室外地坪冻土层下（700mm），即电缆也敷设于冻土层（700mm）以下。

第三章　供电干线

030101　封闭母线安装

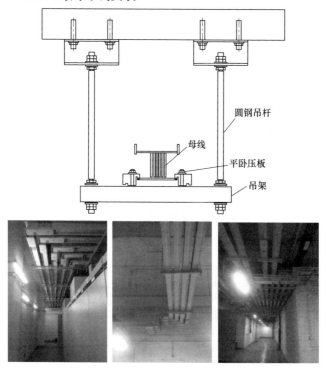

圆钢吊杆

母线

平卧压板

吊架

工艺说明：

（1）母线水平安装的顺序应先由始端开始至中间固定再至终端固定。

（2）母线在各种不同类型的支、吊架上水平安装为平卧式安装方式，母线与支、吊架的安装用压板固定，母线平卧式安装用平压板固定，压板及各种配件均由厂家配套供应。

030102　电缆沟内支架安装和电缆敷设

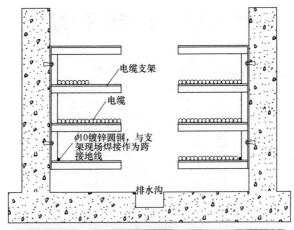

电缆支架

电缆

φ10镀锌圆钢，与支架现场焊接作为跨接地线

排水沟

工艺说明：

（1）沟内电缆敷设高压电缆与低压电缆尽量避免同沟敷设，如不可避免，尽可能分电压等级分层排布，考虑散热，一般上层为高压电缆，其下为电力电缆，最下层是控制电缆。

（2）电缆首末段、中间30m、分支处、拐弯处应设电缆标识牌。

（3）电缆敷设做好排布，应避免交叉。

030103　电缆沟内电缆敷设

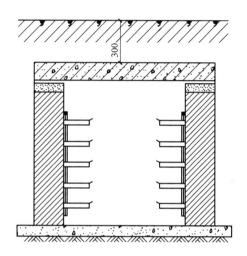

工艺说明：

（1）注意高度小于 1.3m 的为电缆沟，大于 1.9m 的为电缆隧道，建筑结构要求不同。

（2）电缆沟砌筑时沟底和沟壁要做防水卷材覆盖防水，同时要留有一定的防水坡度进行散水。有覆盖的电缆沟的沟顶盖保证距离地面 300mm 的间距。

（3）电缆沟内支架要通长敷设一根 ϕ10 热镀锌圆钢或 40×4 的热镀锌扁钢进行接地连接。

（4）电缆在沟内敷设时，要综合考虑好电缆的耐压等级、路由走向，分层敷设。保证电缆尽量不出现交叉。

第四章 电气动力

040101　动力柜室外安装

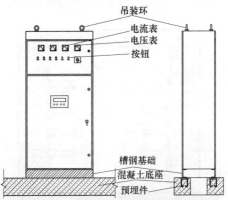

吊装环
电流表
电压表
按钮
槽钢基础
混凝土底座
预埋件

工艺说明：

（1）室外动力配电柜应选用户外型配电柜。

（2）室外动力配电柜安装，配电柜体与基础槽钢间、基础槽钢与结构基础间用耐候密封胶堵严。

（3）基础型钢安装不直度小于1mm/m或5mm/全长；基础型钢安装水平度小于1mm/m或5mm/全长；基础型钢安装不平行度小于5mm/全长。

040102 成套低压柜安装

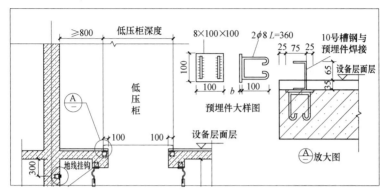

工艺说明：

(1) 配电箱柜台箱盘安装垂直度允许偏差为 1.5‰，相互间接缝不得大于 2mm，成列盘面偏差不应大于 5mm。

(2) 变配电室灯具安装于操作通道中间，不应安装在配电柜上方。

040103 暗装动力箱安装

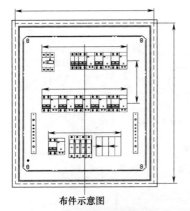

布件示意图

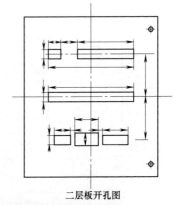

二层板开孔图

工艺说明:

(1) 暗装配电箱箱体尺寸需要厂家配合对图纸进行深化。

(2) 根据配电箱内电缆弯曲半径和电缆头规格型号,校对厂家部件图的合理性。

(3) 安装完成暗装配电箱后应做好成品保护,防止污染破坏,当条件具备时,可以先安装箱壳,待装修完成后再安装箱芯。

040104　暗装动力盘安装

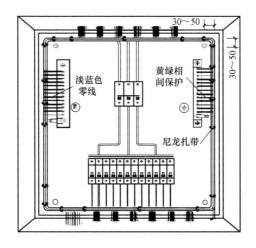

淡蓝色零线

黄绿相间保护

尼龙扎带

30～50

30～50

工艺说明：

（1）箱（盘）内配线整齐，无绞接现象。导线连接紧密，不伤线芯，不断股。

（2）垫圈下螺丝两侧压的导线截面积相同，同一端子上导线连接不多于2根，防松垫圈等零件齐全。

040105 明装动力箱/盘安装

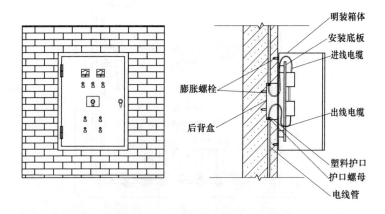

工艺说明：

（1）成排明装配电箱尺寸相差较大时，采用配电箱下平齐的安装方式，兼顾方便操作高度要求和观感效果。

（2）明装配电箱要横平竖直，垂直度满足如下要求：当箱体高度为500mm以下时，不应大于1.5mm，当箱体高度为500mm以上时，不应大于3mm。

040106 电机检查接线

(a) 接线盒

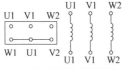

(b) 定子绕组星形接线图

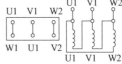

(c) 定子绕组三角形接线图

工艺说明:

电动机三相定子绕组按电源电压的不同和电动机铭牌的要求,可接成星形(Y)或三角形(△)两种形式,如上图所示。

(1) 星形接线:将电动机定子三相绕组的尾端 U2、V2、W2 接在一起,首端 U1、V1、W1 分别接在三相电源上,如图(b)所示。

(2) 三角形接法:将第一相的尾端 U2 接到第二相的首端 V1,第二相尾端 V2 接到第三相的首端 W1,第三相的尾端 W2 接到第一相的首端 U1,然后将三个接点分别接三相电源,如图(c)所示。

040107　电机金属外壳接地

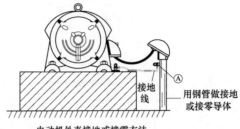

电动机外壳接地或接零方法

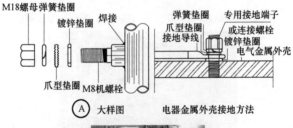

Ⓐ　大样图　　电器金属外壳接地方法

工艺说明：

（1）电动机接线盒内有接地端子需要做接地连接。

（2）每个电气装置的接地应以单独的接地线与接地干线相连接，不得在一个接地线中串接几个需要接地的电气装置。

（3）电动机的可接近裸露导体必须接地（PE）或接零（PEN）。

040108 电加热器检查接线

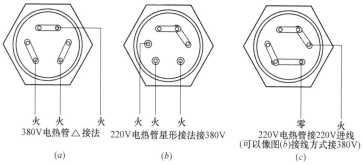

火　火　火
380V电热管△接法
(a)

火　火　火
220V电热管星形接法接380V
(b)

零　火
220V电热管接220V进线
(可以像图(b)接线方式接380V)
(c)

工艺说明：

电热管的接线方式常用的有两种：三角形接法和星形接法。

(1) 三角形接法：电热管每个元件的首端接另一个元件的尾端，三个接点分别接三根相线的接线方式；特点：三个电热管元件额定电压为380V；如三个元件电阻值不同，也不影响这种接法的可行性。三角形接法比星形接法功率和电流大3倍。

(2) 星形接法：三个电热管的加热元件，每个元件的首端连在一起（这个点称中性点），三个尾端分别接三根相线的接线方式。特点：三个元件额定电压为220V时，如果三个元件电阻值不同，则中性点应该接零线。

040109　电缆桥架在竖井内穿越楼板做法

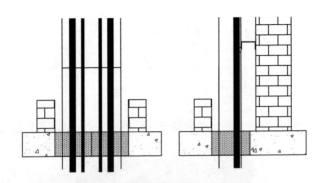

桥架内做好封堵

桥架盖板高出挡水台200mm

挡水台

工艺说明：

（1）电缆桥架预留洞比所穿桥架外形尺寸大 5～10cm；

（2）电缆桥架预留洞周边砌筑 20cm 的挡水台；

（3）下层电缆桥架盖板应高出防水台 10～20cm，其上再设置长度为 1.0m 左右的桥架盖板检查段；

（4）电缆敷设完成后应用防火材料将桥架内外均封堵密实。

040110　电缆桥架电气竖井内安装

工艺说明：

（1）电缆桥架穿越楼层要封堵密实，包括桥架内和桥架外；

（2）镀锌电缆桥架无需跨接接地（伸缩缝等变形缝除外）；

（3）非镀锌桥架跨接接地，接地线有效断面不小于4mm²；

（4）电缆桥架与小间内接地干线做可靠相连；

（5）桥架内电缆标识牌字体清晰，并面朝外侧，便于观察；

（6）桥架盖板高出地面30～50cm，其上做1m左右的观察段桥架盖板；

（7）桥架内竖向电缆分层绑扎固定；

（8）桥架内电缆敷设应减少交叉。

040111 电缆桥架跨越建筑物变形缝处

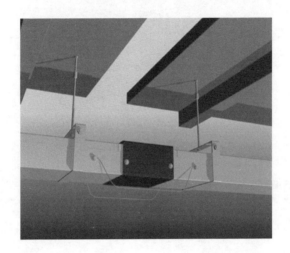

工艺说明：

（1）电缆桥架连接螺栓一般采用方颈圆头螺栓，圆头端在桥架内部，防止螺栓刮伤电缆；

（2）镀锌桥架无须做跨接接地，但在变形缝处须做跨接接地，接地线的长度须大于变形缝的设计变形宽度。

040112　电缆桥架接地线做法

工艺说明：

（1）非镀锌电缆桥架本体之间连接板的两端应跨接保护联结导体，保护联结导体的截面积应符合设计要求。

（2）镀锌桥架不跨接保护联结导体时，连接板每端不应少于2个防松螺帽或防松垫圈的连接固定螺栓。

（3）金属桥架全长不大于30m时，不应少于两处与保护导体可靠连接；全长大于30m时，每隔20～30m应增加一个连接点，起始端和终点端均应可靠接地。

（4）如设计了沿桥架全长敷设热镀锌扁钢作为保护接地导体，则应按设计要求将保护导体与桥架和支架做重复连接。

040113 电缆桥架伸缩缝做法

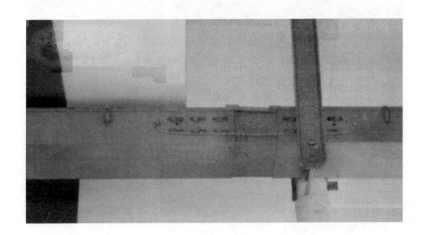

工艺说明：

（1）电缆桥架连接螺栓一般采用方颈圆头螺栓，圆头端在桥架内部，防止螺栓刮伤电缆；

（2）镀锌桥架无须做跨接接地，但在伸缩缝处须做跨接接地；

（3）金属桥架及其支架一般在首末段及中间需要接地做可靠连接；

（4）根据建筑实际情况或按规范要求做伸缩节。

040114 桥架伸缩节设置

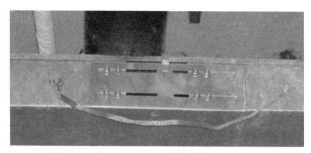

工艺说明：

（1）直线段钢制电缆桥架长度超过30m，设有伸缩节。

（2）铝合金或玻璃钢制电缆桥架长度超过15m，设置伸缩节。

（3）电缆桥架跨越建筑物变形缝处设置补偿装置。

（4）伸缩节是为了温度变化而设置的。

040115 电缆桥架内电缆敷设

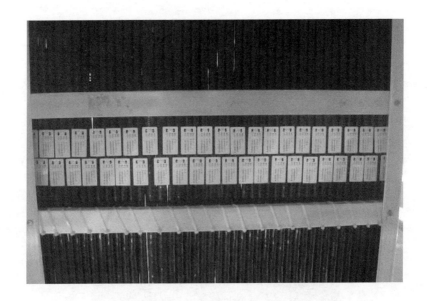

工艺说明：

（1）电缆敷设施工过程中先临时绑扎，等同一路径的电缆敷设完毕后再作统一整理固定；

（2）电缆整理后应整齐美观；

（3）电缆首末段、中间30m、分支处、拐弯处应设电缆标识牌；

（4）电缆标识牌应注明电缆编号、电缆规格型号、起始点位置及电缆长度；

（5）电缆标识牌不应夹在电缆中，应扎牢并排列在电缆外侧。

040116　电缆水平敷设

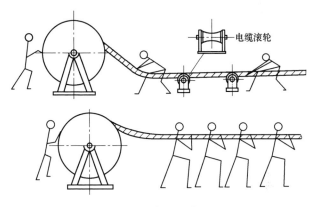

电缆滚轮

电缆水平敷设示意图

工艺说明：

（1）电缆盘支架务必放到平整位置，防止晃动倾覆；

（2）电缆拖拽用近乎匀速，防止猛拉猛拽，保持电缆盘匀速转动；

（3）电缆盘出线侧的对侧看护电缆盘架，出线侧严禁站人。

040117　直埋电缆穿墙引入做法

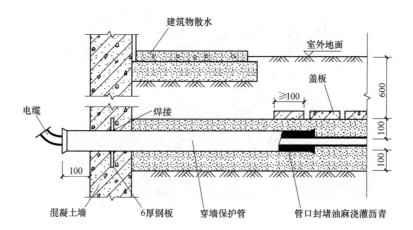

工艺说明：

（1）电缆保护管伸出散水坡外大于等于200mm。

（2）电缆保护管要向室外倾斜出坡度，防止水侵入室内。

（3）电缆保护管内要用沥青油麻丝填方向充密实。在迎水面一侧，沿套管周边施工防水附加层。

（4）电缆保护管应当处于室外地坪冻土层下（700mm），即电缆也敷设于冻土层（700mm）以下。

040118 电缆竖向敷设

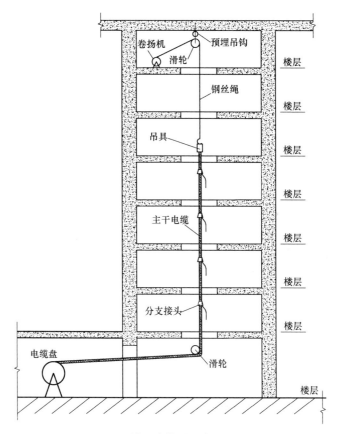

电缆垂直敷设示意图

工艺说明：

（1）结构主体上固定设备（如滑轮、卷扬机等）务必征得相关结构设计的许可；

（2）其余同电缆水平敷设；

（3）敷设完成后竖向电缆按设计要求进行分层固定。

040119　矿物质电缆敷设

工艺说明：

（1）型号规格及电压等级符合设计要求，并有合格证。电缆合格证上有生产许可证编号。

（2）每轴电缆上应标明电缆规格、型号、电压等级、长度及出厂日期，电缆应完好无损。

（3）电缆外观完好无损，铠装无锈蚀，无机械损伤，无明显皱折合扭曲现象。

040120　电缆桥架安装

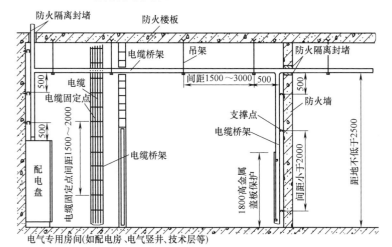

电气专用房间(如配电房、电气竖井、技术层等)

工艺说明：

(1) 桥架配件应齐全，表面光滑、不变形。

(2) 桥架在建筑物变形缝处应设补偿装置，即断开桥架用内连接板只固定一端，断开的两端需要跨接地线；钢制桥架直线段超过30m，铝合金、玻璃钢桥架直线段超过15m，应设伸缩节并做好跨接地线，留有伸缩余量。

(3) 桥架水平安装支吊架间距为1.5～3m；垂直安装支架间距不大于2m。支架规格应符合荷载要求。

040121 桥架内电缆敷设

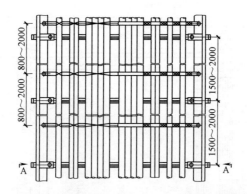

工艺说明：

（1）电缆沿桥架中水平敷设时，要求电缆平直，无交错。注意填充率一般不大于40%。

（2）电缆沿桥架中垂直敷设时，固定间距控制在1～1.5m范围内。

（3）电缆敷设完毕后需挂标志牌，需要挂牌的部位为电缆终端头、拐弯、夹层内、隧道及竖井的两端等部位。

040122　电缆敷设安装

工艺说明：

(1) 电缆敷设前后需测护套绝缘。

(2) 先检查通道是否畅通，转弯是否满足弯曲半径。

(3) 结合现场情况，确定电缆盘放置位置，计算牵引力和侧压力，配置相应的输送机。

(4) 敷设完成对电缆进行整齐固定。

(5) 做好各项回路的标志牌，以便以后维修查看。

040123 矿物绝缘电缆敷设

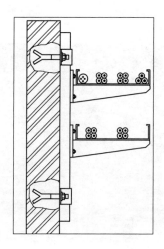

工艺说明：

（1）矿物绝缘电缆沿桥架敷设，要求电缆横平竖直、无交错、重叠，并用裸铜线进行绑扎固定。注意根据回路进行顺序排布，防止涡流效应。

（2）电缆在接续过程中，注意核对回路和相序，防止接续错误。

（3）矿物绝缘电缆在敷设过程中要注意防潮，严格按工序进行施工，防止电缆吸潮阻值降低。

（4）电缆敷设完毕后需挂标志牌，需要挂牌的部位为电缆终端头、拐弯、夹层内、隧道及竖井的两端等部位。

040124　导线放线架的制作方法

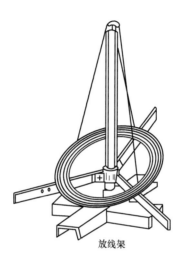

放线架

工艺说明：

（1）做法如图所示。

（2）利用角钢、钢管、槽钢根据导线的实际尺寸进行加工使用。

040125 人工放线的做法

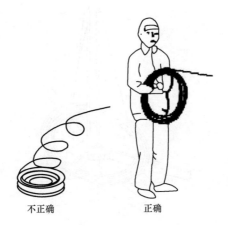

不正确   正确

工艺说明：

（1）做法如图所示。

（2）严禁将导线平放在地面上进行放线，否则将造成导线的绞拧。

040126　热缩电缆头制作、安装

端子

线芯绝缘

绝缘管

四芯接管

密封胶
电线护套

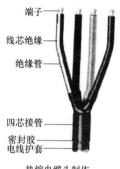

热缩电缆头制作

热缩电缆头附件

工艺说明：

（1）电缆终端头采用热缩型电缆终端头制作时，加热器采用电热吹风机或喷灯。

（2）制作前选择与电缆截面相适应的热缩塑料手套。

（3）在安装分支手套时，宜先进行预热，并将电缆定位，套上分支手套后，按所需分叉角度摆好线芯后再进行加热。

040127 单芯线并接头做法

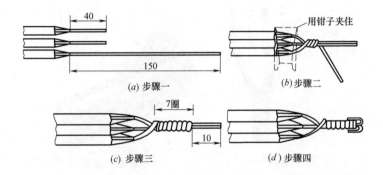

用钳子夹住

(a) 步骤一

(b) 步骤二

(c) 步骤三

(d) 步骤四

工艺说明：

（1）做法如图所示。

（2）接头做好后应涮锡，外缠绝缘胶布和防水胶布。

040128 穿刺夹

1.把线夹螺母调节至合适位置

2.把支线完全插入到电缆帽套中

3.插入主线,如果主线电缆有两层绝缘层,则把插入端的第一层绝缘皮剥去一定长度。

4.先用手旋紧螺母,把线夹固定在合适位置。

5.用尺寸相应的套筒扳手旋紧螺母。

6.继续用力旋紧螺母直到断裂脱落,安装完成。

电缆连接示意图-1

电缆连接示意图-2

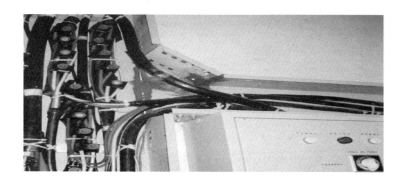

工艺说明:

(1) 穿刺夹连接仅适用于塑料绝缘电缆,不适用矿物绝缘电缆

(2) 主电缆外的绝缘剥离长度应为主电缆外径的50倍,且在主电缆相线上的穿刺夹间距应保持80～100mm。

040129　高压电缆头制作

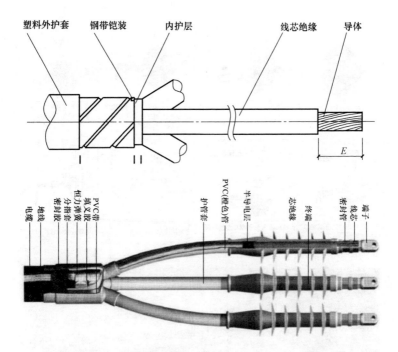

工艺说明：

（1）钢带铠装长度为 30mm，内护层长度为 20mm，铜屏蔽层长度约为 430mm，半导体层长度约为 25mm，绝缘层到末端长度为 255mm，E＝接线端子深度＋5mm。

（2）钢带铠装和铜屏蔽层都要用镀锌编织带做好接地，并引致相应地排。

（3）压接端子，锉平棱角和毛刺，绕包填充胶，填平颈部和凹坑。

（4）套入密封管，加热收缩（或用冷缩管冷缩固定）。

（5）室外电缆头要求雨裙。（热塑雨裙上、下间距 140mm）

040130　预分支电缆头制作

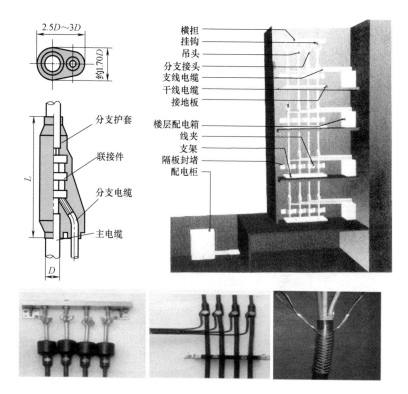

工艺说明：

（1）预分支电缆采用吊装，从上往下或从末端开始施工。

（2）吊装时先用钢丝网套，提升电缆，当吊好后及时将电缆固定在安装支架上，减少网套承受拉力。

（3）在电缆井或电缆通道中，按主电缆截面 $\leqslant$ $300mm^2$ 的每隔2m距离固定一次，$\geqslant 400mm^2$ 每1.5m间距固定一次，支架固定牢固可靠。

040131 低压电缆头制作

1.支套
2.绝缘管
3.密封管
4.绑扎线
5.地线
6.填充胶

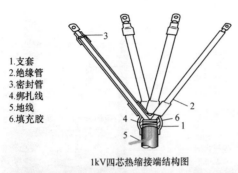

1kV四芯热缩接端结构图　　　　　1kV五芯热缩终端

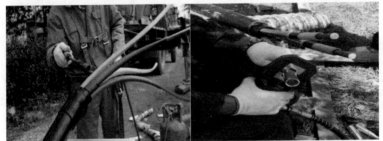

工艺说明:

(1) 根据现场实际要求，剥开相应的电缆外皮，并去除电缆填充物，用绝缘胶带缠绕数圈给予固定。套入爪形套，均匀加热收缩固定。

(2) 依据电缆相线套入相对颜色的热缩护套管，均匀加热收缩固定。

(3) 根据接线端子深度＋5mm切开内绝缘层，用液压钳压接2道，锉平棱角，缠绕相应颜色绝缘胶带或热塑管热缩。

040132　矿物电缆头

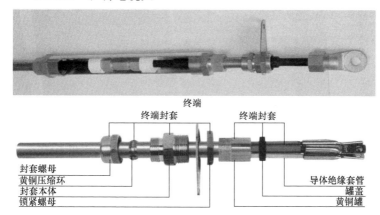

终端

终端封套　　　　　　　终端封套

封套螺母
黄铜压缩环
封套本体
锁紧螺母

导体绝缘套管
罐盖
黄铜罐

工艺说明：

（1）将电缆按所需长度先用管子割刀在上面割一道痕线（铜护套线不能割断），再用斜口钳将护套铜皮夹在钳口之间按顺时针方向扭转，以一步步地夹住户套铜皮的边并以小角度进行转动割离，直至割痕处。

（2）用清洁的干布彻底清除外露导线上的氧化镁绝缘料，然后将束头套在电缆上，用手束拧，低于封杯内局部螺纹处。

（3）从约距电缆趟开端600mm处用喷灯火焰加热电缆，并将火焰不断地移向电缆敞开端，以便将水分排干净，切记只可向电缆敞开端移动火焰，否则将会把水分驱向电缆内部。

（4）用欧姆表分测量一下芯与芯，芯与护套之间的绝缘电阻，若测量结果达到要求，则可以在封口杯内注入封口膏。注意封口膏应从一侧逐渐加入，不能太快，以便将空气排尽。等封口膏加满，在压上杯盖，接着用热缩套管把线芯套上，最后用欧姆表再测量一下绝缘电阻，如果绝缘偏低，则重新再做一次。

040133　线路绝缘摇测

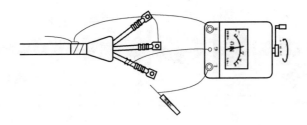

工艺说明：

　（1）高压电缆的绝缘测定，应使用 2500V 兆欧表，绝缘电阻一般应不低于 200MΩ；低压电缆的绝缘测定，应使用 1000V MΩ 表，绝缘电阻不少低 1MΩ；电线的绝缘测定，应使用 500V 兆欧表，绝缘电阻不少低 0.5MΩ。

　（2）测量绝缘电阻时：被测导线分别接在兆欧表上 E 和 L 两个端钮上。导线各支线分开，一人摇测，一人应及时读数并记录。摇动速度应保持在 120r/min 左右，读数应采用一分钟后的读数为宜。

　（3）绝缘测量后应立即对导线或该设备负荷侧接地并三相短路，使其剩余电荷放尽。

第五章　电气照明

050101　暗装照明盘安装

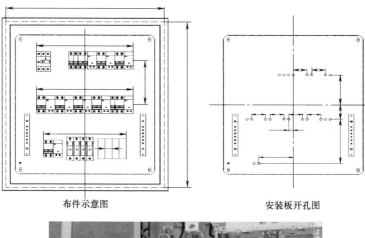

布件示意图　　　　　　　　　　安装板开孔图

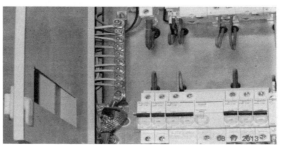

工艺说明：

(1) 暗装照明配电箱盘，箱体厚度较大，可以在安装板开孔，芯线隐藏在安装板后，芯线露出较少，简洁美观。

(2) 安装板开孔内，安装有绝缘垫保护芯线。

(3) PE 排压线整齐，多股线压接前，使用线鼻子并涮锡处理。

050102　暗装照明盘安装

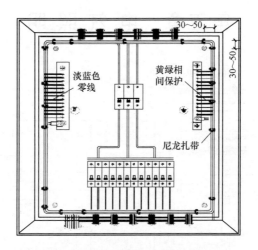

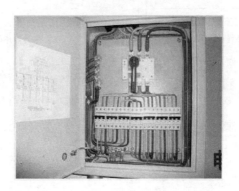

工艺说明：

（1）明装照明配电箱盘，因配电箱厚度有限，不能将芯线隐藏在安装板后，推盘时，芯线绑扎必须横平竖直。

（2）照明配电箱盘接线时，零线（N线）应标明回路，方便检修。

050103　暗装照明盘安装

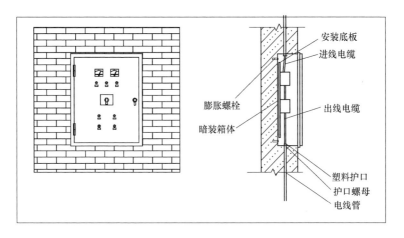

工艺说明：

（1）安装配电箱箱盖紧贴墙面，箱（盘）涂层完整。

（2）金属配电箱（盘）带有器具的门（包括箱体、安装底板、二层门、箱门）均应有明显可靠的裸软铜线接地。

050104　明装照明盘安装

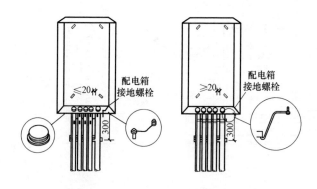

工艺说明:

(1) 箱体安装牢固,开孔整齐,与管径吻合。一管一孔,严禁用电气焊开孔。

(2) 镀锌钢管与箱体之间,以专用接地卡跨接,两卡间连线为铜芯软线,截面不小于 $4mm^2$。

050105 暗装照明盘接线

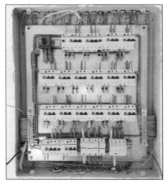

工艺说明：

（1）照明配电箱推盘前，先将敷设完成的导线电缆按照回路绑扎整齐。

（2）绑扎定位后推盘安装，留足长度后将多余线剪掉，在开关下口压线压实。

（3）照明配线零线（N线）应标明回路号，方便检修。

050106　剪力墙或实心挂壁配电箱安装

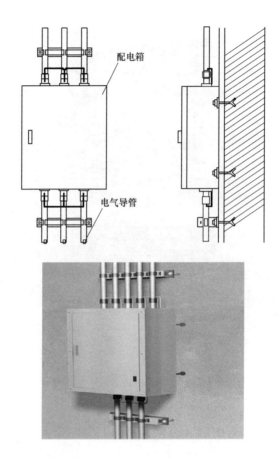

工艺说明：

(1) 进出箱体的金属管做好跨接接地；

(2) 箱体应安装牢固，垂直度不大于 1.5‰；

(3) 箱体安装可用金属膨胀螺栓直接固定在墙体上。

050107　空芯墙挂壁配电箱安装

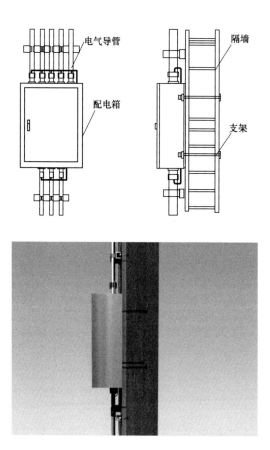

工艺说明：

（1）进出箱体的金属管做好跨接接地；

（2）箱体应安装牢固，垂直度不大于1.5‰；

（3）应用穿钉将箱体固定在墙体上。

050108　配电箱嵌墙安装做法

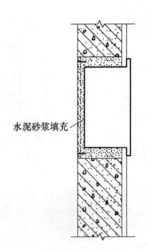

水泥砂浆填充

工艺说明：

（1）本做法适用于暗装配电箱做法。

（2）当配电箱背后距离幕墙厚度小于30mm时，需要钉铁丝网防止背后墙面空鼓和开裂。

（3）当箱体宽度大于600mm时需要在上方加一道过梁。

（4）配电箱应做好重复接地。

050109　配电箱明装方法

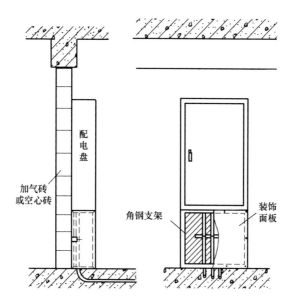

配
电
盘

加气砖
或空心砖

角钢支架

装饰
面板

工艺说明：

（1）本做法适用于明装配电箱做法。

（2）当配电箱背后为加气砖或空心砖难以固定时采用此做法。

（3）在箱体底部焊一个角钢支架作为箱体固定座，同时不靠墙的三面用装饰面板包封。

050110 配电箱明装方法

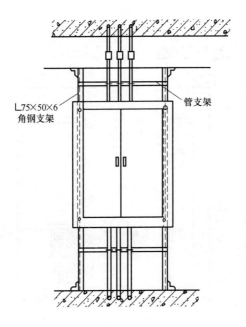

工艺说明：

（1）本做法适用于明装配电箱做法。

（2）当配电箱背后为加气砖或空心砖难以固定时采用此做法。

（3）在箱体背后加工两根顶天立地的角钢支架作为箱体背后生根固定用。

050111 配电箱明装方法

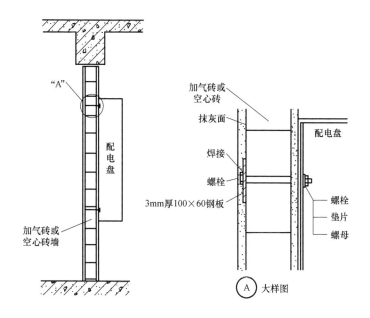

工艺说明：

（1）本做法适用于明装配电箱做法。

（2）当配电箱背后为加气砖或空心砖难以固定时采用此做法。

（3）将箱体背后的加气砖或空心砖打透眼，用一螺栓在背后固定一块 3mm 厚的 100×60 的钢板，将配电箱背在墙上。

050112 现浇混凝土内配镀锌钢管（一端为自由旋转端）

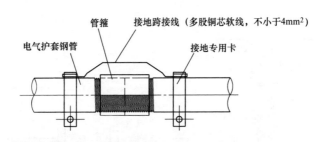

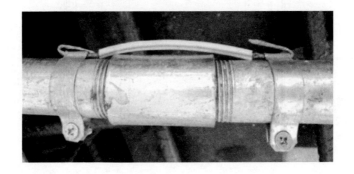

工艺说明：

(1) 镀锌钢管、接地卡、接地跨接线等材料合格。

(2) 接地线为截面面积不小于4mm²的多股铜芯软线。

(3) 接地卡端多股铜芯软线应涮锡处理。

(4) 连接管在管箍内应拧紧靠牢，不留间隙。

(5) 连接钢管的外露丝扣为2～3扣。

(6) 钢管的管口套丝后需清理毛刺，防止划伤绝缘层。

050113 现浇混凝土内配镀锌钢管（无自由旋转端）

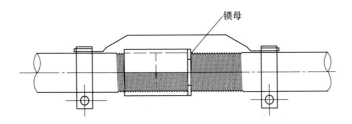

锁母

工艺说明：

（1）镀锌钢管一端套长丝，先将管箍及锁母安装至长丝端；

（2）将两根管端对齐，将管箍旋至另一根管端，使两根管接口处位于管箍中部；

（3）回拧防松锁母；

（4）其余要求同"现浇混凝土内配镀锌钢管（一端为自由旋转端）"项。

050114　镀锌钢管与接线盒连接

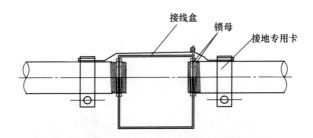

工艺说明：

（1）暗埋接线盒（含灯头盒）根据管径和位置将相应的预制敲落孔敲落，严禁盒体有剩余孔洞；

（2）钢管在线盒内外壁均设锁母，盒内部分剩余1～2扣螺纹，盒外剩余2～3扣螺纹；

（3）接地线为截面面积不小于4mm^{2}的多股铜芯软线，管端用专用接地卡，固定在接线盒专门接地孔处；

（4）扫管后穿线前务必在管口加装塑料护口，防止划伤导线。

050115 现浇混凝土内配镀锌钢管

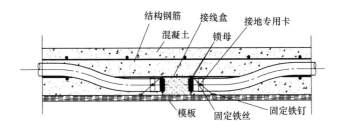

工艺说明：

（1）线盒内应灌满锯末、泡沫等轻质材料，与模板接触面应用胶带等做好封堵或将线盒使用塑料保鲜膜多层缠绕；

（2）线盒应用固定铁丝和铁钉在模板上固定牢靠，不应与钢筋固定，防止调整钢筋时将线盒与模板分离；

（3）根据需要选用不同深度的接线盒（含灯头盒）；

（4）其余要求同"镀锌钢管与接线盒连接"项。

050116 镀锌钢导管穿出定型钢模板

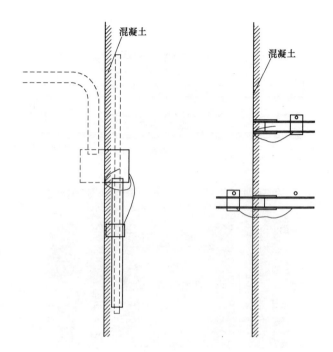

工艺说明：

（1）镀锌钢管穿出定型钢模板时两种方法：一是用线盒紧贴模板；二是管箍紧贴模板；

（2）专用的跨接地线应一端与盒或管跨接牢靠，另一端留好富裕长度（5～15cm），塞入盒内或管内，封堵严密，超出成形混凝土面2～3mm，与钢模板顶紧；线盒或管箍均应做好封堵，防止进入混凝土过深；

（3）模板拆除后，及时找出预埋的盒或管口，将管线接出，并用跨接地线做好联结。

050117 焊接钢导管防锈处理

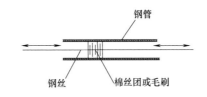

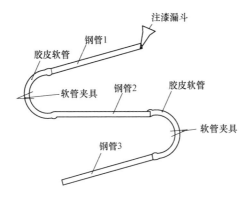

工艺说明:

(1) 焊接钢管按照规范规定做好防腐处理,现浇混凝土内普通焊接钢管按照规范规定外壁可以不做防锈防腐处理,但内壁应进行处理;

(2) 内外壁均做防腐处理的钢管可浸入漆槽进行防腐;

(3) 仅内壁需防腐时钢管量较少时一般采用穿拉棉丝团或毛刷,钢管量较大时采用灌注防锈漆办法;

(4) 在进行涂刷防锈漆前应将刷漆部位浮锈清理干净。

050118　钢管煨弯

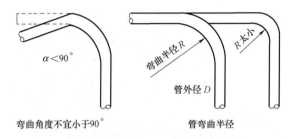

弯曲角度不宜小于90°　　　　　　管弯曲半径

工艺说明：

（1）弯管过程中应注意，弯曲处不要有折皱、凹穴和裂缝等现象，弯扁程度不应大于管外径的10％，弯曲角度一般不宜小于90°；

（2）暗配管弯曲半径，不应小于管外径的6倍；埋设于混凝土内的管子弯曲半径，不应小于管外径的10倍。整排管子在转弯处为保证美观应弯成同心圆。

050119　护套管穿越变形缝处连接

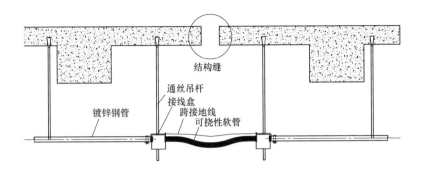

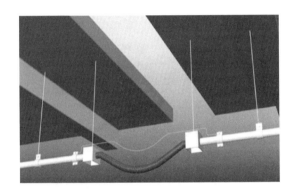

工艺说明：

（1）敷设钢管穿越结构缝（含沉降缝、伸缩缝等）时，应增加可挠性软管过渡处理，可挠性软管长度一般不大于0.8m；

（2）钢管两端要做好跨接接地处理。

050120 焊接钢管敷设

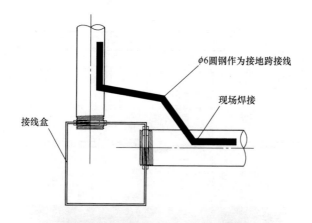

工艺说明：

（1）敷设于混凝土内焊接钢管内壁须防腐处理；

（2）接线盒和管接头处如是丝扣连接须做跨接接地，如果管接头处是焊接连接则无需再进行跨接接地；

（3）跨接地线可采用φ6的圆钢，进行现场焊接跨接。

050121 混凝土内钢管敷设注意要点

工艺说明：

（1）保持管距较均匀，管与管外壁间距一般不小于管外径。

（2）防止管与管外壁间距过小影响混凝土浇筑和楼板混凝土强度。

050122　电气镀锌钢管连接

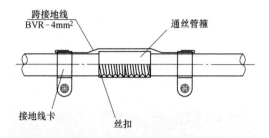

镀锌钢管管箍连接跨接地线做法

工艺说明：

（1）镀锌钢管采用专用管箍丝扣连接。

（2）连接前应在管螺纹处涂铅油，再进行连接，套丝不得有乱扣，上好管箍后管口应对严，外露丝扣不多于2扣。

（3）跨接地线采用专用接地卡进行跨接连接，跨接地线为黄绿相间色的铜芯软导线，截面积不小于$4mm^2$，接地线压接处应进行涮锡处理。

（4）钢管的管口套丝后需清理毛刺，防止划伤绝缘层。

050123　镀锌钢管煨弯

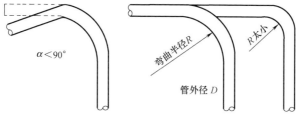

弯曲角度不宜小于90°　　　　　　　管弯曲半径

工艺说明:

(1) 镀锌管敷设中需要改变方向时,应预先进行弯曲加工,线管弯曲也可以在管切断以前进行。钢导管的弯曲,应将配管本身进行煨制。严禁在管路弯曲处采用冲压弯头连接管路和用气焊加热拿褶弯管。

(2) 镀锌管的弯曲有冷煨、热煨两种,冷煨钢管的工具有手动和电动弯管器等。在弯管时不但要掌握一定的技巧,在弯管过程中还要注意,弯曲处不要有折皱、凹穴和裂缝等现象,弯扁程度不应大于管外径的10%,弯曲角度一般不宜小于90°。

(3) 暗配管弯曲半径,不应小于管外径的6倍;埋设于混凝土内的管子弯曲半径,不应小于管外径的10倍。整排管子在转弯处应弯成同心圆。

050124 接线盒变形缝处连接

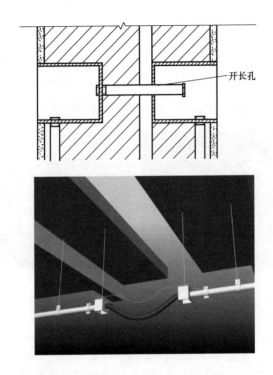

工艺说明：

(1) 遇有伸缩缝、沉降缝，必须作相应处理。

(2) 过伸缩缝做法：在补偿盒的侧向开长孔，将管子插入长孔内，管子采用金属软管，在结构发生变形时，可进行横向或竖向的移动。

(3) 管路、箱、盒及孔、洞、沟槽预埋预留时注意加强检查，不得遗漏，浇注混凝土时应设专人看护。

050125　镀锌钢导管与进盒跨接地线

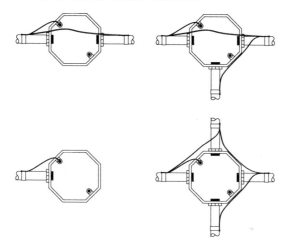

工艺说明：

（1）镀锌钢导管进盒跨接地线宜采用专用接地卡跨接，不应采用熔焊连接。

（2）专用接地卡跨接的两卡间与盒之间连线为铜芯软导线，截面积不小于4mm²。

（3）检查跨接地线无松动、无遗漏现象，地线压接处应打回勾。

（4）管与管、管与盒的跨接地线，严禁利用盒体自身做为导体进行跨接，接地导线跨接、压接部位严禁断头，线头每端应整体涮锡。

050126　预埋电管成品保护

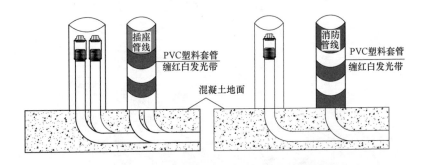

工艺说明：

（1）楼板上电气预埋管线完成后，进行电管的成品保护：根据现场电管预留长度，加工同样长度的 PVC 塑料套管，套管的直径大小应根据预留电管的根数及直径选配，套管套上后无松动即可。

（2）PVC 塑料套管为保证能够明显可见并且方便配接，应在套管外壁侧缠上红白相间发光带及粘贴电管的系统回路标识，写明电管的系统名称。

（3）发光带的尺寸为：红色 10cm，白色 10cm。

050127　KZ管用于一次结构预埋

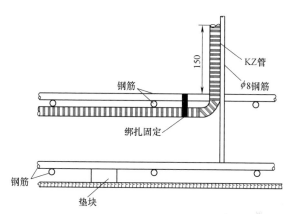

工艺说明：

（1）KZ在应用在一次结构预埋中，应预埋在底层钢筋和上层钢筋之间，并紧贴上层钢筋绑扎敷设。

（2）根据点位间的距离截取想用长度KZ管，用锉刀锉铣管口，保证管口光滑无毛刺。

（3）绑扎固定点间距不大于1000mm，弯曲半径不小于管外径的10倍。

050128 KZ管用于二次结构暗配

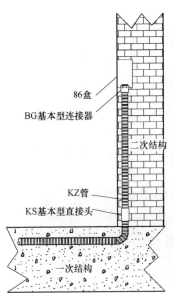

86盒
BG基本型连接器
二次结构
KZ管
KS基本型直接头
一次结构

工艺说明：

（1）KZ在应用在二次结构暗配中，在二次结构墙体上弹出导管开槽线，用云石机沿线切出管槽，垂直敷设剔槽宽度不宜大于管外径5mm，导管敷设完成后距墙体完成面不小于15mm，消防管路不应小于30mm。

（2）导管进盒处采用BG基本型接线箱连接器与箱、盒连接，导管采用SP固定卡每间隔1m固定牢固，弯曲半径不小于管外径的6倍。

（3）管、盒安装完成后，采用不低于C15混凝土将管槽抹平。

050129　镀锌钢管入接线盒做法

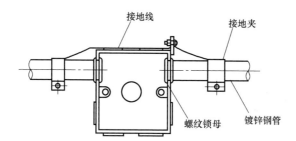

工艺说明：

（1）注意镀锌钢管入盒位置外露2扣，并保证盒内外均拧螺纹锁母。

（2）接线盒两侧（或三侧）的镀锌钢管跨接黄绿双色地线，规格选用4mm²，同时保证跨接地线连接接线盒及每根管路。

（3）在明敷设时，管口要上护口；暗敷设时，管口要上塑料管堵。

050130　焊接钢管入接线盒做法

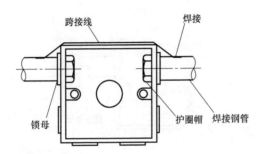

工艺说明：

（1）注意焊接钢管入盒位置外露2扣，并保证盒内外均拧螺纹锁母。

（2）接线盒两侧（或三侧）的镀锌钢管焊接圆钢跨接地线，规格选用 $\phi6$，同时保证跨接地线连接接线盒及每根管路。

（3）在明敷设时，管口要上护口；暗敷设时，管口要上塑料管堵。

050131　JDG 管连接做法

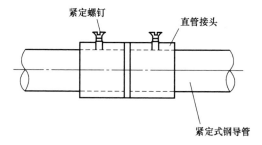

紧定螺钉　　直管接头　　紧定式钢导管

工艺说明：

（1）注意要在直管接头部位涂抹导电膏，目的是为了保证接地的连续。

（2）紧定螺钉帽要拧掉以保证足够的连接力度。

050132 焊接钢管圆钢跨接地线做法

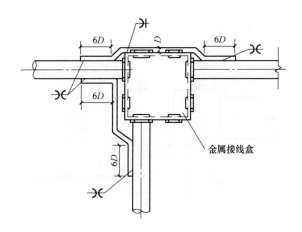

金属接线盒

工艺说明：

(1) 跨接做法如图所示，D 为圆钢直径。

(2) 圆钢需要双面施焊。

050133　焊接钢管连接做法

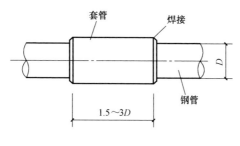

焊接钢管套管连接

工艺说明：

（1）焊接钢管套管连接做法如图所示，D 为焊接钢管公称直径。

（2）套管选择比焊接钢管大一号的焊接钢管。

（3）套管长度为焊接钢管直径的 1.5～3 倍。

（4）将焊接钢管在套管长度中心位置处对死，后将套管两端满焊。

050134　钢管利用抱式管卡明装做法

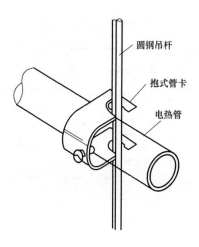

圆钢吊杆

抱式管卡

电热管

工艺说明：

（1）做法如图所示；

（2）注意将螺栓拧紧顶实。

050135 钢管利用弹簧钢片卡明装固定做法

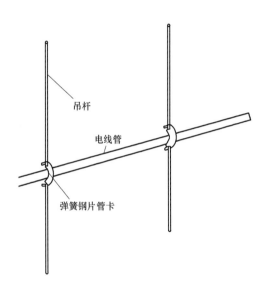

吊杆

电线管

弹簧钢片管卡

工艺说明:

(1) 做法如图所示;

(2) 吊杆注意竖直,弹簧钢片卡与钢管配套。

050136 明装与暗装接线盒转换做法

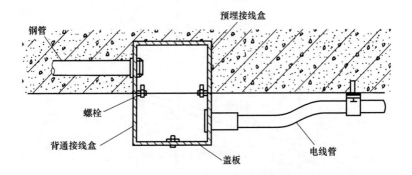

工艺说明：

（1）做法如图所示。

（2）利用一背通接线盒作为转换进行连接即可。

050137　焊接钢管在现浇混凝土中暗配做法

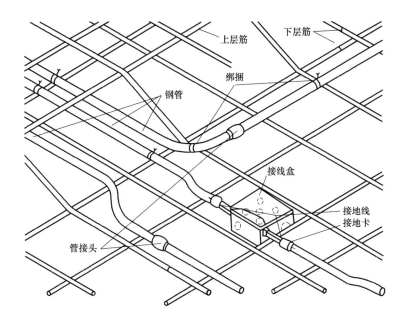

工艺说明：

（1）做法如图所示。

（2）钢管用绑丝绑扎于下层钢筋上，且保证普通回路距离构筑物表面距离不小于 15mm，消防回路不小于 30mm。

（3）暗配时弯曲半径不小于外径的 6 倍，埋于混凝土内或地下时，不小于外径的 10 倍。

050138 双跑楼梯配管做法

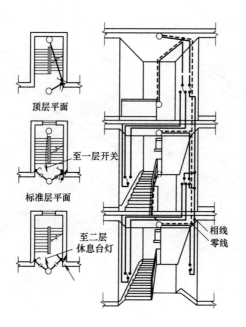

顶层平面

至一层开关

标准层平面

至二层
休息台灯

相线
零线

工艺说明：

（1）做法如图所示。

（2）电源线管路沿楼梯间踏步敷设，开关线管路沿楼梯间墙体沟通，既满足规范，同时又可以满足敷设实际要求。

050139 三跑楼梯配管做法

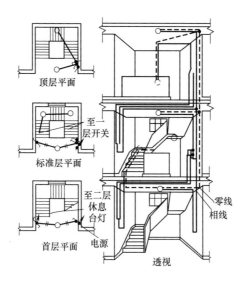

顶层平面

至一层开关

标准层平面

至二层休息台灯

零线

相线

首层平面

电源

透视

工艺说明：

（1）做法如图所示。

（2）电源线管路沿楼梯间踏步敷设，开关线管路沿楼梯间墙体沟通，既满足规范，同时又可以满足敷设实际要求。

050140 槽板安装及配线

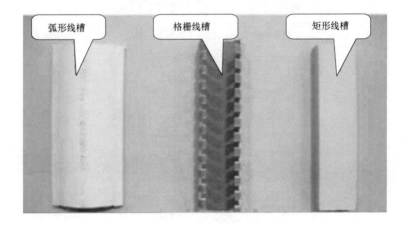

弧形线槽　格栅线槽　矩形线槽

工艺说明：

槽板形状用途分：弧形槽板、隔栅槽板、矩形槽板。一般弧形多用于地面；隔栅多用于电气控制线路如机房控制室；矩形多用于墙面等。

注：塑料槽板应采用阻燃材质。

050141　槽板安装及配线

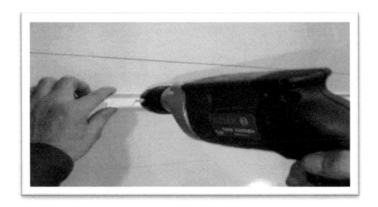

工艺说明：

　　槽板底固定：每节槽板两端的固定点一般为 5～10mm，中间固定点为 30～50mm，在线槽宽度超过 50mm 时固定点应为并排 2 个。

050142 槽板安装及配线

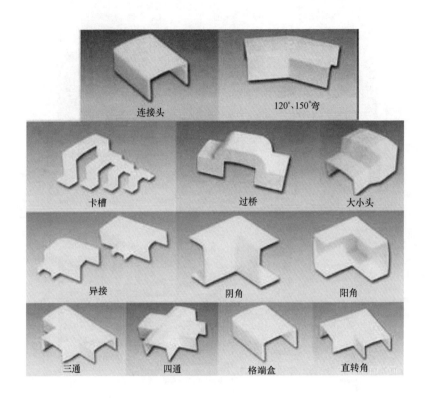

连接头

120°、150°弯

卡槽

过桥

大小头

异接

阴角

阳角

三通

四通

格端盒

直转角

工艺说明：

（1）采用专用的弯头、三通，插接严密。

（2）槽板终端用终端头封堵。

050143　槽板安装及配线

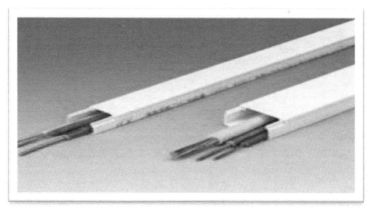

工艺说明：

（1）导线敷设：敷设导线应以一分路一条槽板为原则，槽板内不允许有导线接头，以减少隐患，如必须要有接头时要加接线盒。

（2）导线敷设到用电设备时需要留足够预留长度，并在线段上做好统一标记，以便于接线时的识别。

050144　钢索安装

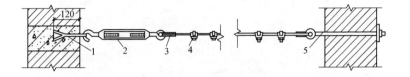

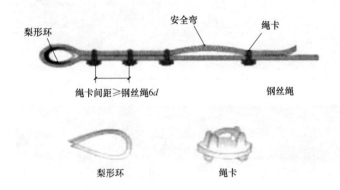

梨形环　　　安全弯　　　绳卡

绳卡间距≥钢丝绳6d　　　　　　钢丝绳

梨形环　　　　　　绳卡

工艺说明:

(1) 钢索配线一般适用于屋架较高,跨距较大,而灯具安装高度又要求较低的工业厂房内。

(2) 预埋件埋设深度不应小于120mm;终端拉环直径不应小于8mm,末端钢板不小于120mm×60mm×6mm。

(3) 钢索布线用的钢绞线和圆钢的截面,应根据跨距、荷重、机械强度选择。采用钢绞线时最小截面不宜小于10mm²;采用镀锌圆钢作为钢索,直径不应小于10mm。应优先使用镀锌钢索,不应采用含油芯的钢索,钢索的单根钢丝的直径应不小于0.5mm。在潮湿或有腐蚀性介质及易贮纤维灰尘的场所,应使用塑料护套钢索。

050145 钢索配线

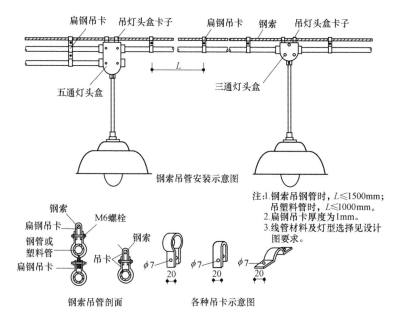

钢索吊管安装示意图

注:1.钢索吊钢管时,L≤1500mm;
吊塑料管时,L≤1000mm。
2.扁钢吊卡厚度为1mm。
3.线管材料及灯型选择见设计
图要求。

钢索吊管剖面　　　　各种吊卡示意图

工艺说明:

(1) 在钢索上每隔1.5m设一个扁钢吊卡,扁钢卡子的宽度不应小于20mm,再用管卡将管子固定在吊卡上。在灯位处的钢索上,安装吊盒钢板,用来安装灯头盒。灯头盒两端的钢管,应跨接接地线。

(2) 钢索吊瓷柱配线在钢索上安装瓷珠的吊卡根据敷设导线的不同,有6线、4线和2线等几种形式。

(3) 钢索吊塑料护套线配线,敷设时从钢索的一端开始,可以用铝片将导线直接扎紧在钢索上,铝片卡间距不应大于50mm,要在距接线盒不大于100mm处进行固定。

(4) 在钢索上敷设导线及安装灯具后,钢索的弛度不应大于100mm。

050146 双管荧光灯使用吊杆安装

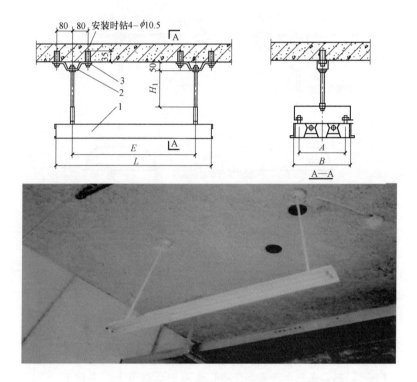

工艺说明：

（1）灯具软线加工后与灯座连接好，将一端穿入吊杆内，由法兰穿出导线露出吊杆管的长度不应小于150mm。

（2）采用钢管做灯具的吊杆时钢管内径一般不小于10mm，壁厚不小于15mm。

（3）超过3kg的灯具，吊杆应吊挂在预埋的吊钩上。灯具固定牢固后再拧紧法兰顶丝，安装好吊杆应垂直。双杆吊杆荧光灯安装后双杆应平行。

050147　LED灯嵌入式吸顶安装

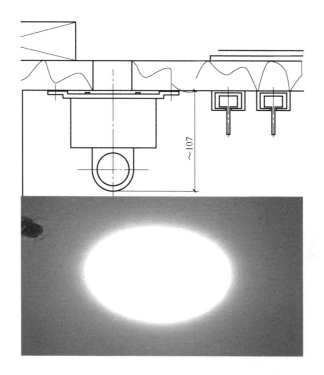

工艺说明：

（1）小于3kg的小型吸顶灯具，根据预埋的螺栓和灯头盒位置，将导线连接并包好绝缘，将导线塞入灯头盒内，然后把托板安装孔对准预埋螺栓，使托板四周和顶棚贴紧，用螺母将其拧紧，调整好灯口。

（2）3kg以上灯具必须采用膨胀螺栓固定牢固。

（3）每个灯具用于固定的螺栓或螺钉不应少于3个，且灯具的重心要与螺栓或螺钉的重心相吻合。

050148 单管荧光灯壁挂安装

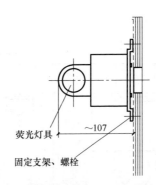

荧光灯具

~107

固定支架、螺栓

工艺说明:

(1) 根据壁灯类型确定固定底座尺寸,将底座固定好。

(2) 将灯头线与电源线连接好后包好绝缘,将 PE 线压在壁灯专用接地螺栓上,将接头塞入接线盒内。

(3) 将壁灯与底座固定,并要紧贴墙面,并使其平正不歪斜,最后配好灯泡安好,灯伞或灯罩。

050149　埋地灯安装

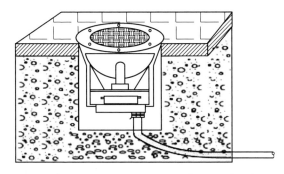

工艺说明:

(1) 在铺装面安装应根据灯具安装尺寸提前预留孔或后期开孔（圆形开可考虑水钻、方形可用云石锯）埋螺栓。

(2) 使托板四周贴紧，用螺母将其拧紧，调整好灯口，确保灯顶面与地面平齐。

(3) 确认电缆线连接正确后安装光源，之后安放玻璃及密封圈。

050150 LED面板灯嵌入式安装

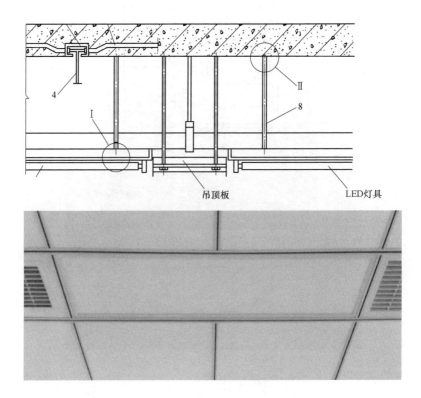

吊顶板　　　　　　　　LED灯具

工艺说明：

（1）根据天花排布及面板灯大小在吊顶板（矿棉板、石膏板或金属铝板）上提前预留好洞口。

（2）将面板灯安装在预留位置并连接好螺栓及吊板。

（3）接通面板灯电源。

050151　LED筒灯嵌入式安装

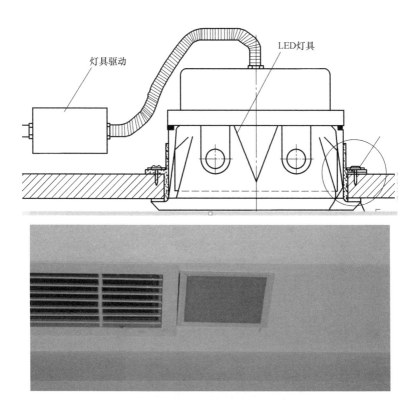

工艺说明：

（1）根据天花排布及面板灯大小在吊顶板（矿棉板、石膏板或金属铝板）上提前预留好洞口。

（2）将面板灯安装在预留位置并连接好螺栓及吊板。

（3）接通面板灯电源。

050152　镶嵌灯具（明配管）安装

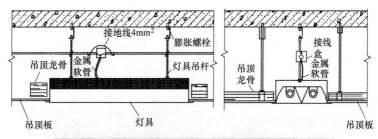

工艺说明：

（1）吊杆一定要保证垂直及位置准确，以免灯具"跑偏"。

（2）灯具灯架安装时应用力均衡，否则容易造成灯架的变形，导致灯具安装完后有漏缝现象。

（3）要求格栅灯的尺寸和吊顶尺寸配套。

050153　镶嵌灯具（暗配管）安装

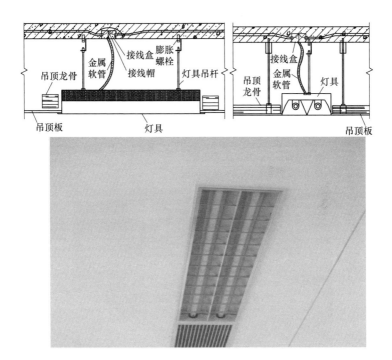

工艺说明：

（1）嵌入式格栅灯应使用两根或四根吊杆，吊杆选用 $\phi 8$ 圆钢或丝杆。

（2）灯具四周吊顶应保持水平，灯具与吊顶接触面平整，不应有间隙。

050154　筒灯安装

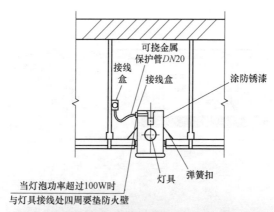

工艺说明：

（1）天花板开孔根据灯具大小开孔，不能过大或过小。

（2）灯具四周吊顶应保持水平，灯具与吊顶接触面平整，不应有间隙。

050155 投光灯安装

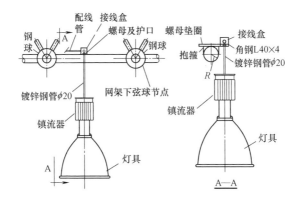

工艺说明：

(1) 投光灯的底座及支架应固定牢固，枢轴应沿需要的光轴方向拧紧固定。

(2) 采用钢管作灯具的吊杆时，钢管内径不应小于10mm；钢管壁厚度不应小于1.5mm。

050156　吸顶灯具安装

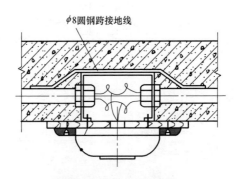

φ8圆钢跨接地线

工艺说明：

（1）电气照明装置的接线应牢固，电气接触应良好；需接地或接零的灯具非带电金属部分应有明显标志的专用接地螺丝。

（2）凡安装距地面高度低于2.4m的灯具其金属外壳必须连接保护接地。

050157　线槽灯安装

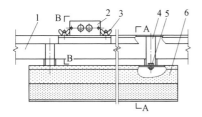

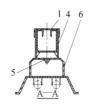

注:
1.电源插座盒尺寸与线槽规格相配合,盒上可装单相或三相不同容量和个数的插座;
2.电源插座盒的位置由工程设计确定;
3.灯具电源引自电源插座盒。

编号	名称	型号及规格	单位	数量	备注
1	线槽	由工程设计确定	m	—	—
2	线槽电源插座盒	与线槽配套	个	1	—
3	梯形螺栓	与线槽配套	套	2	与编号2成套
4	线槽吊灯卡	与线槽配套	个	2	—
5	线槽专用螺母	与线槽配套	个	2	—
6	荧光灯具	由工程设计确定	套	—	—

工艺说明:

　　线槽灯安装一般由吊框、桥架和灯具安装三部分组成,它的现场安装主要包括两个步骤:一是测量放线定位;二是吊框、桥架和灯具安装。其中测量定位放线非常重要,它直接关系到线槽灯的安装精度,从而影响到线槽灯的安装质量,进而影响到线槽灯的美观效果。在安装过程中也要注意采取一定的先后作业互相影响精度的措施,进一步控制好安装质量。

050158　疏散指示灯吊装

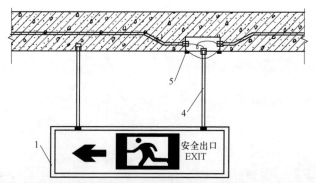

工艺说明：

（1）疏散指示灯安装前应在吊顶板上安装位置处用电钻开孔，用以固定塑料圆木及穿引疏散指示电源线。

（2）将吊链固定在塑料圆木上，调整吊链保证疏散指示灯底边距地高度在2.2～2.5m之间，同时保证两根吊链长度相等。

（3）疏散指示灯吊链长度应保证电源线不承受拉力。

050159 疏散指示灯壁装

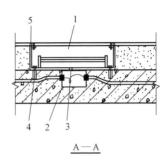

A—A

工艺说明:

(1) 根据预埋的螺栓和灯头盒位置,将导线连接并包好绝缘,将导线塞入灯头盒内。

(2) 将疏散指示灯安装在预留位置并完全覆盖住底盒,保证疏散指示灯面板与墙壁贴紧,其突出墙面部分不得超过20mm。

050160 埋地应急疏散灯安装

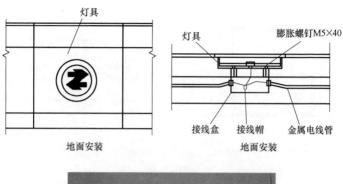

灯具

膨胀螺钉M5×40

灯具

接线盒　接线帽　金属电线管

地面安装

地面安装

工艺说明：

(1) 做好电线连接处密封。

(2) 施工时要做好地下水的渗透，不能在水里泡着。

(3) 在地埋灯装好后打开面盖，灯具点半个小时后盖上，这样灯具在使用过程中，玻璃内层不会有水雾。

(4) 灯具底部及四周一定要敷设碎石头及沙土，这样可以方便排水和散热。

050161 疏散照明灯具安装

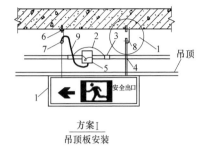

方案Ⅰ
吊顶板安装

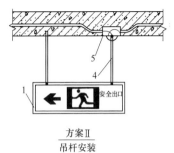

注：所有金属构件均应做防腐处理。

方案Ⅱ
吊杆安装

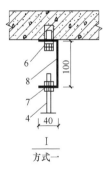

Ⅰ
方式一

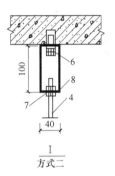

Ⅰ
方式二

编号	名称	型号及规格	单位	数量 Ⅰ	数量 Ⅱ	备注
1	灯具	由工程设计确定	个	1	1	—
2	接地线	多芯软铜线4mm²	m	—	—	由施工确定
3	接地线夹	由施工确定	个	2	2	—
4	吊杆	钢管DN15	个	2	2	由施工确定
5	接线盒	由施工确定	个	1	1	—
6	膨胀螺栓	M15	个	2	2	由施工确定
7	螺栓	M8×85	个	2	2	配螺母垫圈
8	镀锌吊架	40×4	个	2	2	—
9	可见金属保护管	由施工确定	m	—	—	由施工确定

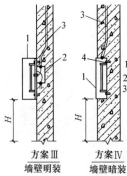

注:
1.所有金属构件均应做防腐处理。
2.安装高度H由工程设计确定。
3.应急疏导标志灯必须采用消防认证产品。

编号	名称	型号及规格	单位	数量				备注
				Ⅲ	Ⅳ	Ⅴ	Ⅵ	
1	灯具	由工程设计确定	个	1	1	1	1	—
2	接线盒	由施工确定	个	1	1	1	1	—
3	金属管	由工程设计确定	m	—	—	—	—	—
4	膨胀螺栓	M6×50	个	2	2	2	—	—
5	接线帽	由施工确定	个	2	2	2	—	—
6	膨胀螺钉	M5×40	个	2	2	2	2	—
7	封堵材料	由施工确定	—	—	—	—	—	—

工艺说明:壁装安装高度一般在门上0.2m,门上方高度不够时于门侧方安装,灯具上沿与门上檐对齐,出口标志指向门。采用吊杆安装时,距地2.5m,空间高度低于2.5m时吸顶安装。

050162　疏散标志灯安装

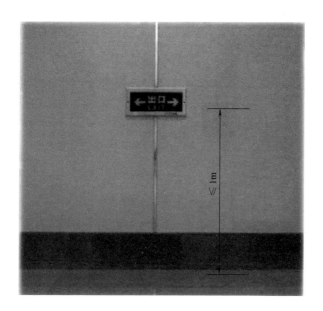

工艺说明：

（1）疏散标志灯安装在安全出口的顶部，楼梯间、疏散走道及其转角处应安装在1m以下的墙面上。

（2）不易安装的部位可安装在上部，疏散通道上的标志灯的间距不大于20m（人防工程不大于10m。），拐弯处应增设指示灯。

050163 航空障碍灯安装

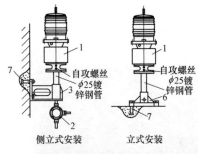

编号	名称	型号及规格	单位	数量	备注
1	航空障碍灯	由工程设计确定	个	1	—
2	防水接线盒	由工程设计确定	个	1	—
3	镀锌钢管	DN20	m	—	由工程确定
4	六角螺钉	M12灯具配带	个	4	—
5	直立支架	灯具配带		1	—
6	螺栓	M20	个	4	由工程确定
7	侧立支架	灯具配带	个	1	—
8	10号工字钢	100×68×4.5		1	—
9	圆形抱箍	厚度2.5mm		1	—
10	夹板	厚度8mm	个	1	—

侧立式安装   立式安装

工艺说明:

(1) 必须在物体的顶部设一个或几个障碍灯,如烟囱或其他类似性质的构筑物,顶部障碍灯必须位于顶端下1.5~3m 之间。

(2) 如物体的顶部高于周围地面45m 以上,必须在中间层加设障碍灯。这些加设的中间层障碍灯的间距必须在顶部灯与地面间的每层灯距尽可能相等。采用低、中光强障碍灯,灯间距必须不超过45m。

(3) 外形广大的建筑物,设置的障碍灯应能从各个方面看出物体的轮廓,水平方向也可参考以45m 左右的间距设置障碍灯。

(4) 高于150m 的超高物体,在其顶端必须设置高光强障碍灯,并且应以中、高光强障碍灯组合使用,以显示其存在。

050164　庭院灯安装

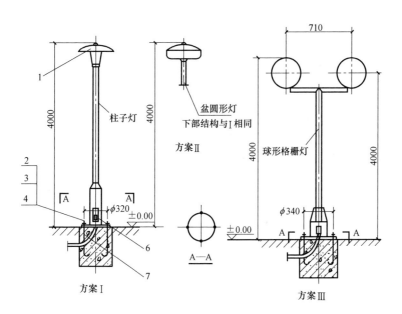

编号	名称	型号及规格	单位	数量					备注
				I	II	III	IV	V	
1	灯具	由工程设计确定	套	1	1	1	1	1	—
2	螺栓	M20×400	个	4	4	4	—	—	
3	螺母	M20	个	8	8	8	8	—	
4	垫圈	20	个	4	4	4	4	—	
5	螺栓	M20×500	个	—	—	—	4	—	
6	接线盒	由工程设计确定	个	1	1	1	1	1	
7	钢管	由工程设计确定	根	1	1	1	1	1	
8	膨胀螺栓	由工程设计确定	套	—	—	—	—	4	

工艺说明：

（1）灯杆、灯头外表面不允许有明显划伤和凹凸现象。

（2）凡焊接表面必需平整、光滑、牢固可靠，打磨并抛光。

（3）灯杆中心线的不直度应小于2‰。

（4）灯杆与法兰的不垂直应小于3mm。

（5）灯杆、灯头、法兰、加强筋、穿线孔的锐角必须全部倒钝。

（6）钢管灯杆热浸锌厚度应大于65μm或满足设计要求。

（7）灯杆、灯头外表面涂漆（或喷塑），不应有明显的流挂和颜色不均匀现象。

（8）灯头穿线孔应配制橡胶圈。

050165　成排开关安装

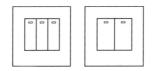

工艺说明：

并列安装的相同型号开关距地面高度应一致，高度差不应大于 1mm，同一室内安装的开关高度差不应大于 5mm。

050166　单个开关安装

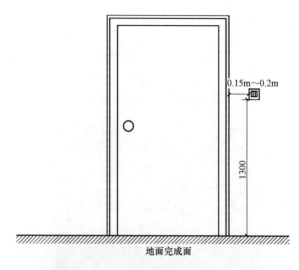

0.15m～0.2m

1300

地面完成面

工艺说明：
　开关安装位置应便于操作，开关边缘距门框的距离宜为 0.15～0.2m；开关距地面高度宜为 1.3m。

050167　成排插座安装

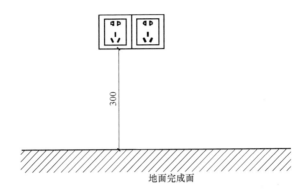

工艺说明：
并列安装的相同型号的插足高度差不宜大于1mm。

050168　插座安装（一）

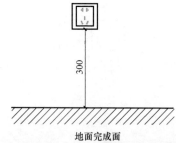

地面完成面

工艺说明：

插座安装高度距地面不宜小于0.3m；同一室内安装的插座高度差不应大于5mm；并列安装的相同型号的插足高度差不宜大于1mm。

050169　插座安装（二）

工艺说明：

安装完成后要顺直、美观，接口严密；槽板盖平直无翘角、缺陷。

第六章 备用和不间断电源

060101 柴油发电机组主体安装

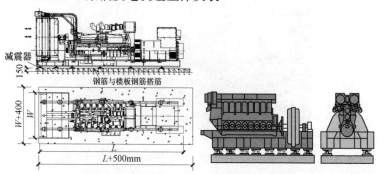

工艺说明：

（1）柴油发电机组安装前，在基础上清晰标出所有纵横中心线；

（2）如果安装现场允许吊车作业时，将机组整体吊起，把随机配减震器安装在机组下方，将机组整体放在基础上；

（3）减震器的固定：划好减震器的地脚孔的位置进行钻孔，将孔内部清理干净，吊起机组，埋好螺栓后，螺栓孔中心与基础纵横中心偏差不大于2mm，螺栓孔壁垂直度偏差不大于2mm/螺栓孔全长，对准螺孔放回机组，拧紧螺栓；

（4）如果现场不允许吊车作业，可将机组放在滚杠上，滚至选定位置，用千斤顶（千斤顶规格根据机组重量选定）将机组一端抬起，注意机组两边的升高一致，直至底座下的间隙能安装抬高一端的减震器。释放千斤顶，在抬高机组另一端，装好剩余的减震器，撤出滚杠，释放千斤顶；

（5）柴油发电机组安装精度要求：纵、横向水平度，每米偏差小于等于0.1mm。

060102　柴油发电机组基础预制

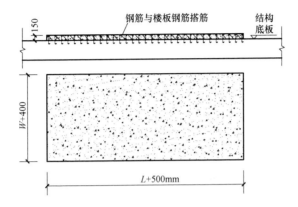

工艺说明：

（1）柴油发电机组外形尺寸：根据厂家选型而定。

（2）制作发电机组钢筋混凝土基础，尺寸为：L 长 ×W 宽 ×H 高 ＝（W＋400）×（L＋500）×150（单位：mm）。双向单层 $\phi10@150$ 螺纹钢筋网，需与地下一层楼板内钢筋搭筋，使用 C30 混凝土，基础高出地面150mm；基础平面度要求每米5mm。

（3）要求机组基础能承受静载荷 726kg/m^2，动载荷 1452kg/m^2 或满足厂家要求。

（4）基础外观检查：表面平整，无裂纹、孔洞、蜂窝和漏筋，基础与机房有关运转平台的隔震缝隙清理干净、无杂物。

060103　柴油发电机组主体运输方案一

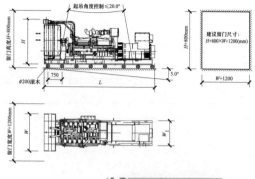

工艺说明：

（1）柴油发电机组外形尺寸：根据厂家选型而定（L 长×W 宽×H 高）；

（2）利用汽车吊配合滚木驳运的放置吊装柴油发电机组，滚木选择直径 ϕ200 以上滚木，平铺间距为 750mm；

（3）建议机房留门尺寸，W 宽×H 高＝W＋1200×H＋800（单位：mm）；

（4）进机房坡度要求≤5.0°；

（5）要求起吊角度控制范围≤20.0°；

（6）如高度不够，建议机房开天窗口供柴油发电机组吊装运输（详见方案二）。

060104 柴油发电机组主体运输方案二

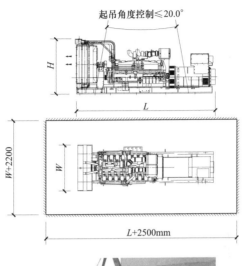

工艺说明：

（1）柴油发电机组外形尺寸：根据厂家选型而定（L 长×W 宽×H 高）。

（2）利用汽车吊从顶部吊装口吊入机房，建议机房顶部预留吊装口尺寸，L 长×W 宽＝L＋2500×W＋2200（单位：mm）。

（3）要求起吊角度控制范围≤20.0°。

060105　柴油发电机组油管安装

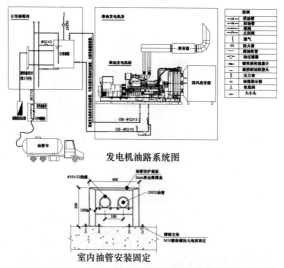

发电机油路系统图

室内油管安装固定

工艺说明：

（1）油箱最高油位不能比机组底座高出 2.5m；出油口应高于柴油机高压射油泵；

（2）回油管油路到油箱的高度必须保持在 2.5m 以下；

（3）输油管材料应为黑铁无缝钢管，不可使用镀锌管，管径应符合厂家设备说明要求；

（4）油管与机组的连接应采用软管连接，并采用优质卡箍连接；

（5）油箱上部应装有压力平衡透气阀及阻火器，底部应装有排污塞；

（6）观察检查燃油系统管路安装不得有渗漏现象（包括运行、停机状态下）；

（7）油路安装路由应避开排气管、热源和振源；

（8）室内供油管道敷设于机房地面上，油管道利用 U 形卡固定在槽钢龙门架上，做管道上方覆盖防护盖板。

060106　柴油发电机组加油井施工

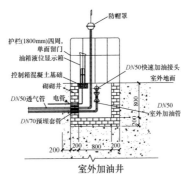

室外加油井

工艺说明：

（1）室外加油井为砖砌墙，尺寸为：800×800（单位：mm），井壁厚度为：200mm，井口高出地面100mm，井内壁抹灰找平；井内预留DN50快速加油接头及DN50透气管，透气管顶端安装防帽罩，其高出地面2.2m；油管及透气管进入油井处设置DN70防水套管；

（2）油箱液位显示箱基础用混凝土浇筑，基础尺寸为：500×400×200（单位：mm），箱腿埋入基础内100mm，或设计确定；

（3）加油井上方周边安装护栏，高度为1800mm，护栏四周单面预留门口，门宽：900mm，高：1800mm。

060107 柴油发电机组油箱液位显示箱加工生产

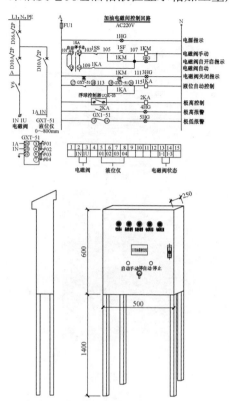

防雨型不锈钢箱体

工艺说明：

（1）油箱液位显示箱为防雨型不锈钢箱体，尺寸为：（长）500×（宽）250×（高）600（单位：mm），支架高度为：1400mm；

（2）显示箱必须设有电源指示、电磁阀手动、电磁阀自开启指示、电磁阀自动、电磁阀关闭指示、液位自动控制、限高控制、极高报警、极低报警的功能。

060108　柴油发电机组接地安装

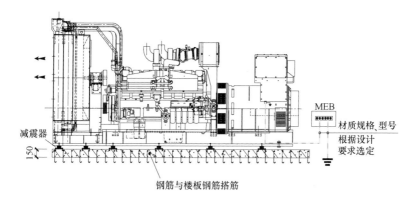

减震器

MEB

材质规格、型号
根据设计
要求选定

150

钢筋与楼板钢筋搭筋

工艺说明：

（1）柴油发电机组中性线（工作零线）应与接地干线直接连接，螺栓防松零件齐全，且有标识；

（2）柴油发电机组本体和机械部分的可靠近裸露导体应接地（PE）或接零（PEN）可靠，且有标识；

（3）不间断电源装置及油管路、油箱同样金属裸露导体必须接地（PE）或接零（PEN）可靠，且有标识。

接地标识应在明显部位粘贴接地标签及接地导体上粉刷黄绿相间油漆，应清晰可见。

060109　柴油发电机组室内排烟管道及消声器安装

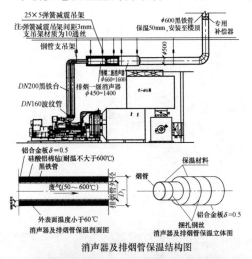

消声器及排烟管保温结构图

工艺说明：

（1）柴油发电机组排烟管选用黑铁管，外层保温50mm；排烟管及排烟消声器需做保温隔热处理，裹50mm厚硅酸铝棉毡，外包0.5mm铝板，硅酸铝棉毡的物理性能：密度$100\sim200\text{kg/m}^2$，导热系数$\lambda=(0.12\sim0.154)\text{W/(m·K)}$。

（2）排烟消声器必须安装弹簧减震吊架。

（3）烟囱出屋顶必须设置避雷设施及专用补偿器。

（4）柴油发电机组配置两个工业型消声器；为符合当地环保部门要求，将排气噪声降至环境可以接受的数值，专门再配置一台住宅型消声器（排烟二级消声器）。

060110　柴油发电机组室内油箱安装

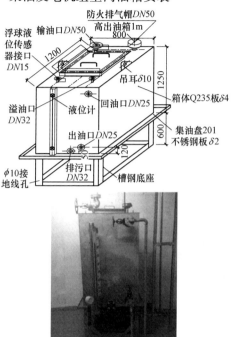

工艺说明：

（1）每个机房的油箱间内安装 1 台 1000L 日用燃油箱，来保证机组正常运行。1000L 日用油箱箱体长×宽×高为 1200×800×1250mm，油箱板厚采用 4mm 厚 Q235B 钢板焊接，执行《石油和液体石油产品卧式圆筒形金属油罐容积标定法（手工法）》GB/T 17605—1998 标准。

（2）油箱检测方法采用注满水，无渗漏。

（3）油箱集油盒采用 201 厚 2mm 不锈钢板折弯焊接。

（4）1000L 日用燃油箱设置高低液位报警，信号传输至室外加油井附件的液位显示箱。

（5）日用燃油箱及供油管道必须采取防静电接地措施。

第七章　防雷与接地

070101　均压环设置施工

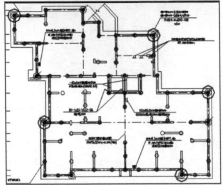

工艺说明：

(1) 民用建筑超过 45m、60m 时设置均压环。

(2) 每隔 6m 设一均压环，并且形成环路。

(3) 利用圈梁内两条主筋焊接成闭合圈，此闭合圈必须与所有的引下线连接，并且所有焊口必须要双面搭接满焊。

(4) 将 6m 高度内上下两层的金属门、窗与均压环连接。

070102 接地装置安装（人工接地安装）

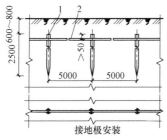

接地极安装

工艺说明：

一、接地体的加工：

（1）根据设计要求的数量，材料规格进行加工，材料一般采用镀锌钢管和角钢切割，长度不应小于2.5m。

（2）如采用钢管打入地下应根据土质加工成一定的形状，遇松软土壤时，可切成斜面形。为了避免打入时受力不均使管子歪斜，也可加工成扁尖形；遇土土质很硬时，可将尖端加工成锥形。如选用角钢时，应采用不小于40mm×40mm×4mm的角钢，切割长度不应小于2.5m，角钢的一端应加工成尖头形状。

（3）挖沟：根据设计图要求，对接地体的线路进行测量弹线，在此线路上挖掘深为0.8～1m，宽为0.5m的沟，沟上部稍宽，底部如有石子应清除。

二、安装接地体：

（1）沟挖好后，应立即安装接地体和敷设接地扁钢，防止土方坍塌。

（2）先将接地体放在沟的中心线上，打入地中，一般采用手锤打入，一人扶着接地体，一人用大锤敲打接地体顶部。为了防止将接钢管或角钢打劈，可加一护管帽套入接地管端，角钢接地可采用短角钢（约10cm）焊在接地角钢一即可。使用手锤敲打接地体时要平稳，锤击接地体正中，不得打偏，应与地面保持垂直，当接地体顶端距离地600mm时停止打入。

070103　人工接地极接地（铜包钢）安装

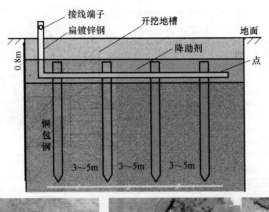

工艺说明：

在熔接之前清洁连接表面，清理表面的水、油、污渍等；对有附着物的表面宜使用砂轮、粗目锉刀等工具清洁；散开的电缆线头会使模具合不拢，产生较大的缝隙，引起铜液渗漏；所以在切割电缆线时，要注意保证切口平整，可用铜丝或胶布固定切割处后在切割；如果在熔接具有张力的电缆线时，可使用线缆固定夹紧固；镀锌钢板熔接点表面需去除镀层后再熔接；如普通焊粉不能对铸铁表面的熔接，就需使用特殊焊粉，严禁使用型号不对的焊粉。熔接完成后及时涂刷防腐漆。

070104　自然接地安装

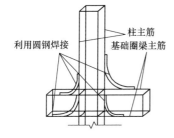

利用圆钢焊接　柱主筋　基础圈梁主筋

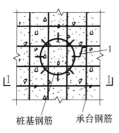
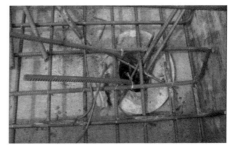

桩基钢筋　承台钢筋

工艺说明：

自然基础接地体安装

（1）利用无防水底板钢筋或深基础做接地体：按设计图尺寸位置要求，标好位置，将底板钢筋搭接焊好。再将柱主筋（不少于2根）底部与底板筋搭接焊好，并在室外地面以下将主筋焊好连接板，消除药皮，并将两根主筋用色漆做好标记，以便于引出和检查。应及时请质检部门进行隐检，同时做好隐检记录。

（2）利用柱形桩基及平台钢筋做好接地体，按设计图尺寸位置，找好桩基组数位置，把每组桩基四角钢筋搭接封焊，再与柱主筋（不少于2根）焊好，并在室外地面以下，将主筋预埋好接地连接板，清除药皮，并将两根主筋用色漆做好标记，便于引出和检查，并应及时请质检部门进行隐检，同时做好隐检记录。

070105　圆钢避雷带的推荐搭接方法

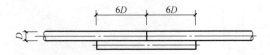

工艺说明：

（1）圆钢规格根据设计要求选择，当在避雷支架敷设时避雷带尽量选择圆钢，明敷设时更易调直，保证美观。

（2）避雷带两边施焊，焊接长度大于等于6倍的圆钢直径。

（3）两根圆钢连接，为了防止发生搭接处不易调直的问题，可以选择一节同直径的圆钢作为搭接体进行焊接，两面施焊。

070106　避雷引下线断接卡安装

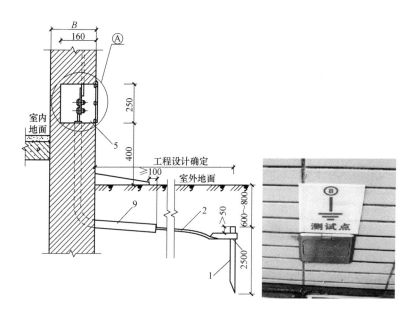

工艺说明：防雷引下线暗敷设做法：

将调直的引下线运到安装地点，按设计要求随建筑物引上，挂好。及时将引下线的下端与接地体焊接好，或与断接卡子连接好。随着建筑物的逐步增高，将引下线敷设于建筑物内至屋顶为止。如需接头则应进行焊接，焊接后应敲掉药皮并刷防锈漆（现浇混凝土除外），并请有关人员进行隐检验收，做好记录。利用主筋（直径不少于φ16mm）作引下线时，按设计要求找出全部主筋位置，用油漆作好标记，距室外地坪1.8m处焊好测试点，随钢筋逐层串联焊接至顶层，焊接出一定长度的引下线，搭接长度不应小于100mm，做完后请有关人员进行隐检，做好隐检记录。

070107　防雷引下线明敷设

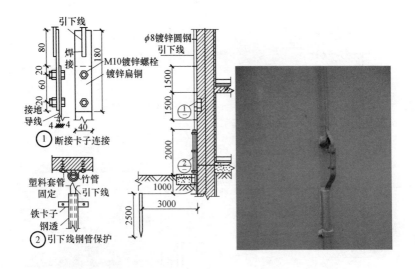

工艺说明：

防雷引下线明敷设：

引下线如为扁钢，可放在平板上用手锤调直；如为圆钢叶将圆钢放开。一端固定在牢固地锚的机具上，另一端固定在绞磨的夹具上进行冷拉直。将调直的引下线运到安装地点。将引下线用大绳提升到最高点，然后由上而下逐点固定，直至安装断接卡子处。如需接头或安装断接卡子，则应进行焊接。焊接后，清除药皮，局部调直，刷防锈漆。将接地线地面以上 2m 段，套上保护管，并卡固及刷红白油漆。用镀锌螺栓将断接卡子与接地体连接牢固。土建装修完毕后，将引下线在地面上 2m 的一段套上保护管，并用卡子将其固定牢固，刷上油漆。

070108 配电室及小间接地干线敷设

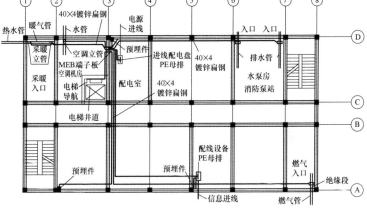

工艺说明：

（1）敷设位置不应妨碍设备的拆卸与检修，并便于检查。

（2）接地线应水平或垂直敷设，也可沿建筑物倾斜结构平行在直线段上，不应有高低起伏及弯曲情况。

（3）接地线沿建筑物墙壁水平敷设时，离地面应保持250～300mm的距离，接地线与建筑物墙壁间隙应保持10～20mm。

（4）明敷的接地干线全长度或区间段及每个连接部位附近的表面应涂以 15～100mm 宽度相等的绿色漆和黄色漆相间的条纹标识，预留供临时接地用的接线柱或接地螺栓处不应涂刷。

070109　门窗接地安装

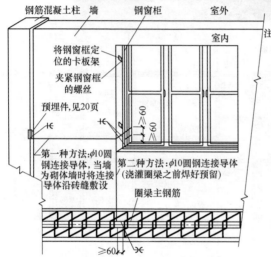

钢筋混凝土柱　墙　　　钢窗框　　　室外

室内

将钢窗框定位的卡板架

夹紧钢窗框的螺丝

预埋件,见20页

第一种方法:φ10圆钢连接导体,当墙为砌体墙时将连接导体沿砖缝敷设

第二种方法:φ10圆钢连接导体(浇灌圈梁之前焊好预留)

圈梁主钢筋

≥60

≥60

≥60

注:1.本图适用于门窗等电位连接和高层建筑防侧击的门窗连接。

2.连接导体的敷设是在钢窗框定位后,于墙面装饰层或抹灰层施工之前进行。

3.连接导体应紧贴墙面敷设,需要时,采用粘贴剂粘贴于墙上。

4.连接导体焊接于钢窗框的边沿上。

5.当柱体采用钢柱时,将连接导体的一端直接焊于钢柱上。

6.根据具体情况,选用图中所示两种方法之一进行连接。

工艺说明:

(1)铝制门窗与避雷装置连接。在加工订货铝制门窗时就应按要求甩出30cm的铝带或扁钢2处,如超过3m时,就需3处连接,以便进行压接或焊接。

(2)建筑物高于30m以上的部位,每隔3层沿建筑物四周敷设一道避雷带并与各根引下线相焊接。避雷带可以暗敷设在建筑物表面的抹灰层内,或直接利用结构钢筋,并应与暗敷的避雷网或楼板的钢筋相焊接,所以避雷带实际上也就是均压环。利用结构圈梁里的主筋或腰筋与预先准备好的约20cm的连接钢筋头焊接成一体,并与柱筋中引下线焊成一个整体。

070110 利用屋面金属板作接闪器

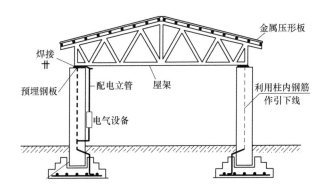

工艺说明：

（1）除一类防雷以外，金属屋面板的建筑物宜利用其屋面做接闪器。

（2）金属屋面板的厚度不小于0.5mm。

070111　管柱上固定用支架做法

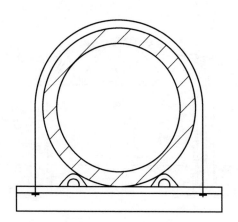

工艺说明：

（1）利用角钢或槽钢作为横担。

（2）利用镀锌圆钢ϕ12及以上作为抱箍，测量好长度并在两端套丝头。

（3）为了防止支架水平滑动在横担用角钢的背面加工利用一节角钢加工两块固定卡块。

（4）此做法适用于固定于管型柱上的电气设备的安装使用。